もっと！とにかくかわいいいきもの図鑑

監修：今泉忠明
イラスト：ふじもとめぐみ

西東社

はじめに

ハッとするほど色あざやかないきもの、
あまえじょうずでみんなをメロメロにしちゃういきもの、
小さい体でいっしょうけんめい生きているいきもの。
世界には、みりょく的ないきものがたくさんいます。
なんでこんなに、みりょく的なのでしょう。
それは、食べたり恋をしたり
仲間と協力して生きていったりする中で
少しずつ姿や行動が変わっていった結果です。

たとえばあざやかな体色は、
恋の相手へのアピールのためだったり、
あるいは敵への警告のためだったり、
えものを引きつけて狩りをするためだったりするんです。

かわいいな、美しいな、と思ういきものに出会ったら、
ぜひ、そのかわいさのヒミツや能力、生態などを
図鑑などで調べてみてください。
動物園や水族館へ行って実物を見てみるのもいいですね。
そうやって、もっともっといきもののことを
知ってもらえるとうれしいです。

Tokyo togarinezumi p.94

なんでこんなにかわいいの？

この本で理由がわかります

1
あざやかかわいい★1
ピンクロビンの
ピンクのはねはときめく恋の色？
2
14
1章
みとれちゃう！　いろあざやかでかわいいいきもの
3
ピンクロビンの胸の羽毛は、まるでペンキでぬったようにあざやかなピンク色。めずらしい鳥がたくさんいるオーストラリアの中でも、とくに人気がい鳥です。
でもなんで、こんなに美しいのでしょう？　じつは、このピンクの羽毛を持つのはオスだけ。オスは美しいピンク色をメスに見せつけて、「こんなすてきなぼくと、いっしょに子どもをつくりませんか」とアピールをするのです。また、同じメスをめぐって争う恋のライバルとは、「自分のほうがあざやかでみりょく的！」と主張して競い合うことも。
名前の「ロビン」は、英語で「コマドリ」という意味です。ふわふわで小さくあいらしい種類が多いコマドリですが、ピンクロビンのオスのカラフルさ、ころんと丸い体型のかわいさにかなうものはいないはず！
Profile
プロフィール
ピンクロビン（セグロサンショクヒタキ）
分類：スズメ目オーストラリアヒタキ科
大きさ：全長約13.5センチ
生息地：オーストラリア南東部
メスは全身茶色系で落ち着いたかわいさだよ
4
15

1. そのいきもののかわいいポイントを表す見出しです。
2. いきもののかわいさがわかるように、とくちょうを強調したイラストです。
3. いきものの基本的なことや、かわいらしいしぐさ、おもしろい話などを解説しています。
4. いきものの体や暮らしについてまとめた情報です。

「かわいい」ってなんだろう

Golden lion tamarin p.24

「かわいい」ってよく使う言葉ですが、考えてみるとおもしろい！人間は、人間の赤ちゃんを見ると「守ってあげたい」という気持ちになります。これが「かわいい」と思う気持ちの正体です。ペットのイヌやネコなど、丸っこいものやふわふわしたものを見ても同じような気持ちになりますよね。

「進化」の結果かわいくなった!?

かわいいいきものの代表といえば、イヌやパンダ。イヌはオオカミの仲間でしたが、人間と共存するようになるうちに人間に好かれるような姿になったといわれています。パンダは竹を食べるようになって、アゴが発達して丸顔になり、人間がよりいっそうかわいいと思う姿になったといわれています。

Cavalier King Charles Spaniel p.76

「かわいい」と思う気持ちを大切に

「かわいい」と思う気持ちは、人間が人間らしいやさしい気持ちを持って、ほかの人やいきものと関わり、自分を成長させるための、大切な力です。「かわいい」は、やさしさや幸せを表す言葉なんですね。人間だけでなくいきもの同士でも、言葉にしないだけで同じように「かわいい」と感じることがあるかもしれません。

Bi-ba- p.134

すべての命を大事にしよう

「かわいい」は人間が好きなものに使う大切な言葉です。「かわいい」部分を見つけて興味を持ったら、そのほかの部分も知っていけるといいですね。いきものは、自分の場所や役割を見つけ、能力を発揮していっしょうけんめい生きています。「かわいい」という言葉だけでは表せない大切な存在なのです。

Himearikui p.124

もくじ

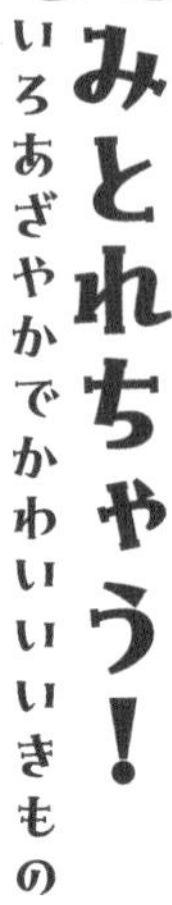
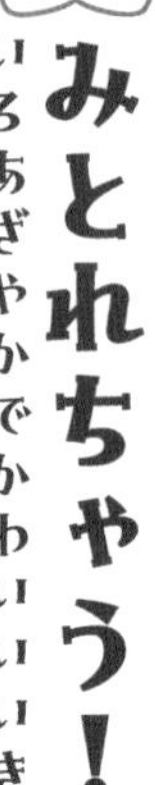

1章 みとれちゃう！ いろあざやかでかわいいいきもの

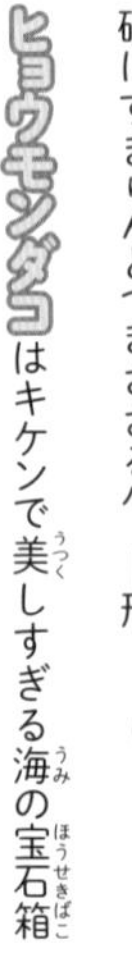

2章 いとおしい！ あまえじょうずでかわいいいきもの

3章 いやされる！

ちびっちゃくてかわいいいきもの

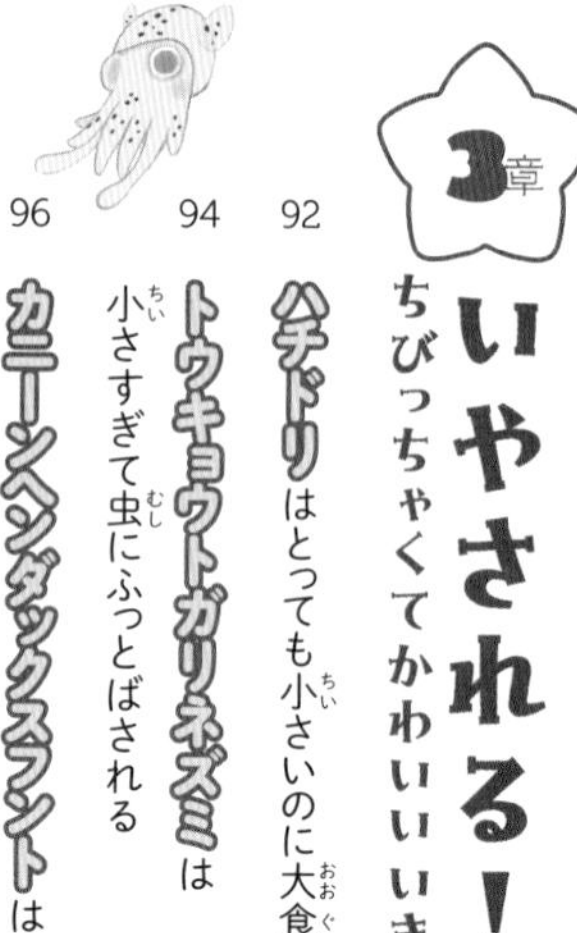

4章 はんぱない！ じつはつよくてかわいいいきもの

このカラフルさは自然がつくったミラクル！

みとれちゃう！
いろあざやかで かわいいいきもの

ずっと見ていたい！すてきな色のいきものを紹介するよ。

あざやかかわいい✿1

ピンクロビンの ピンクのはねは ときめく恋の色？

ピンクロビンの胸の羽毛は、まるでペンキでぬったようにあざやかなピンク色。めずらしい鳥がたくさんいるオーストラリアの中でも、とくに人気が高い鳥です。

でもなんで、こんなに美しいのでしょう？　じつは、このピンクの羽毛を持つのはオスだけ。オスは美しいピンク色をメスに見せつけて、「こんなすてきなぼくと、いっしょに子どもをつくりませんか」とアピールをするのです。また、同じメスをめぐって争う恋のライバルとは、「自分のほうがあざやかでみりょく的！」と主張して競い合うことも。

名前の「ロビン」は、英語で「コマドリ」という意味です。ふわふわで小さくあいらしい種類が多いコマドリですが、ピンクロビンのオスのカラフルさ、ころんと丸い体型のかわいさにかなうものはいないはず！

Profile
プロフィール

ピンクロビン（セグロサンショクヒタキ）

- 分類：スズメ目オーストラリアヒタキ科
- 大きさ：全長約13.5センチ
- 生息地：オーストラリア南東部

ちょっとひとこと
メスは全身茶色系で落ち着いたかわいさだよ

あざやかかわいい★2
ベタはひらひらドレスで相手(あいて)をノックアウト
バチ
バチ

ベタはペットとして人気の熱帯魚。大きなヒレをひらひらさせて泳ぐ様子は、**レースたっぷりのドレスでお散歩しているよう。**もとはタイに生息する魚でしたが、その美しさからペットとして人間に飼われるようになり、赤や青や黄、エメラルドグリーンなど、さまざまな色の品種がつくり出されました。尾ビレの形も、品種によってさまざまです。

　こんなにゆうがな見ためなのに、びっくりするほど気が強く、**オスは2匹いっしょにいるだけで大ゲンカ。**ヒレを大きく開く「フレアリング」で相手をおどかします。美しいヒレは、ベタにとっては武器なのですね。

　おどかすだけでなく、おたがいが大ケガをするようなケンカになることもあります。なので飼うときは、ひとつの水そうに1匹が基本。ベタの美しさは、孤高の美しさなのです。

パンサーカメレオンの色が変わるのはドキドキしているから

パンサーカメレオンのパンサーとは、ネコ科動物のヒョウのこと。名前のとおり、体にヒョウのようなもようがあります。カメレオンの中でも、かなりハデな種類です。とくにオスの体色はバリエーションが多く、緑、赤、青、黄色など。住む地域によって色も、もようもさまざまです。

カメレオンは体の色が変わることで有名ですが、どんなときに色が変わるか知っていますか？　じつは、**まわりの光やそのときの気持ちで変わる**のです。日が当たって温かいときは明るく、日陰などの涼しいところでは暗く。また、気持ちが落ちこんだときは暗く、怒ったりドキドキしたときは明るくなります。

メスの体色はかっしょく（茶系の暗い色）やグレーなどの落ち着いた色。オスはメスに求愛するときが、もっとも明るくあざやかで、ハデハデな色になるんだそうですよ。

Profile
プロフィール

パンサーカメレオン

- **分類**：有鱗目カメレオン科
- **大きさ**：全長40～50センチ
- **生息地**：マダガスカル島北東部の海岸林

ちょっとひとこと
体の横に「パンサーストライプ」と呼ばれる青白いもようがあるよ

あざやかかわいい★4

モルフォチョウは 森にまう青い女神

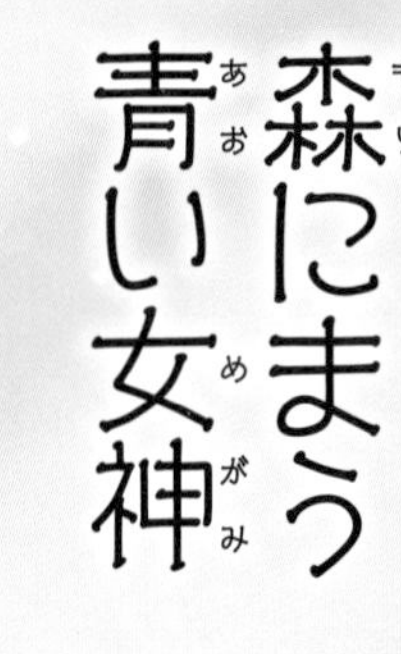

モルフォチョウの「モルフォ」は、ギリシャ語で形や姿という意味。美の女神アフロディーテの姿を表す言葉でもあります。モルフォチョウは、はねの表側が金属のように光る青色をした美しいチョウですから、きらびやかな姿から、モルフォの名前がつけられたのでしょう。

モルフォチョウの**かがやきのヒミツは、はねの表面にあるとっても細かいギザギザ。**これが光を反射して、かがやく青色をつくり出しているのです。このように、色素ではなく光の反射によって色が見えるしくみを「構造色」と呼びます。シャボン玉やCDがにじ色に光るのも、「構造色」によるものです。

モルフォチョウのはねは美しいだけでなく、太陽光をはねかえすことで、**体温が上がりすぎないようにする効果もある**んですって。美しいうえに機能的なんて、すごい！

トラはほ乳類イチの美しさのせいでぜつめつ寸前……

トラはネコ科の中で最大の動物です。美しく力強い姿は、古くから人々にあいされてきました。トラの最大のとくちょうといえば、黒いしまもようがある黄色やオレンジ色の毛ですよね。**ほ乳類の中でもっとも美しい毛皮**ともいわれます。

しまもようの毛皮には、林やしげみにまぎれて自分の姿を目立たなくする効果があります。ところが、このしまもようが美しいと、**人間が毛皮をとるためにトラを狩るようになってしまいました。**今、トラはぜつめつ寸前。ひっしの保護活動が行われています。

トラといえば、子どものかわいらしさも知られています。ぎこちない足取りで

歩きまわる子トラを動物園で見られたらラッキー！ 母親は１匹の子を大切に育てます。この子育ての様子から、虎の子（大切なもののたとえ）という言葉が生まれました。

Profile
プロフィール

トラ

- **分類：** 食肉目ネコ科
- **大きさ：** 体長140～280センチ
- **生息地：** 南アジア、東南アジア、インド、ロシア

ちょっとひとこと
トラは子をとても大事にすることから、大切なものを「虎の子」というよ

あざやかかわいい★6

ゴールデンライオンタマリンは黄金色(こがねいろ)でゴージャス！

ゴールデンライオンタマリンは、ブラジルの熱帯雨林に住むサルの仲間です。とても小さなサルですが、黒い顔のまわりをふちどる、**ふさふさの黄金色のたてがみがとってもゴージャス！** 熱帯雨林の巨大な木の穴をねぐらとして、家族で仲良く暮らしています。

全身ゴールドの神々しい姿は人気が高く、ブラジルではお札にデザインされるほどあいされています。

ただ、熱帯雨林が人間の開発で減少してしまい、ゴールデンライオンタマリンもすみかを失ったことで一時ぜつめつ寸前に……。現在はさまざまな保護活動のかいがあって、数を増やしつつあるそう。ほっとしますね。

きまって双子で生まれるという赤ちゃんは、**赤ちゃんのうちからきれいな黄金色。** 子育ては、家族みんなで協力して行うのだそうです。

あざやかかわいい★7
ゴシキセイガイインコは花のみつを吸って暮らす花のようせい
ぺろ
ぺろ

にじのようにカラフルな羽毛を持つ、ゴシキセイガイインコ。漢字で書くと「五色青海鸚哥」で、「五色」とは、まさににじのことなんです。オスもメスも同じようにカラフルな姿をしていますが、オスの中でもより色あざやかなオスがメスにモテるのだそう。色あざやかな羽色は、「元気で強い」ことのあかしなのですね。

見た目にも美しいゴシキセイガイインコは、食べ物の好みもとってもキュート！ なんと、**花のみつや花粉が主食**なのです。花から花へ、カラフルなはねをはばたかせて飛んでいく様子は、まるで花のようせいのよう。

ちなみにどうやって花のみつを吸うのかというと、**長い舌の先がブラシのようになっていて、それを花につっこんでみつや花粉をなめとります。**ちゅーちゅー吸うわけではないのですね。

あざやかかわいい★6
フラミンゴのヒナは
おもちみたいに
白くてふわふわ

スリムな体と、あざやかなピンク色がとくちょうのフラミンゴ。ところが卵からふ化したばかりのヒナは、羽色が白かグレーなんです。その後ろ姿は、**頭のふわふわとおしりのふわふわの二重奏で、まるで鏡もちのよう……。**あまりのかわいさにSNSで話題になったこともありました。

最初は白くふわふわした綿毛におおわれ、まるでアヒルの子のようなヒナ。しばらくするとグレーの羽毛に生え変わり、姿もフラミンゴらしくなっていきます。自分で食べ物を食べられるようになるまでは、親からピンク色の成分がふくまれたミルクをもらい、**3年ほどかけてきれいなピンク色になる**んですよ。

フラミンゴは、ヒナ同士で集団をつくって暮らします。わが子にまちがいなくミルクをあたえるため、親子はおたがいの声を聴き分けているんですって。

Profile
プロフィール

フラミンゴ

- 分類：フラミンゴ目フラミンゴ科
- 大きさ：全長1.2～1.5メートル
- 生息地：アフリカ、アジアの熱帯から温帯の湖や沼

ちょっとひとこと
片足立ちするのは体温が下がるのを防ぐのにも役立つよ

あざやかかわいい★9

オナガセアオマイコドリは弟子が師匠の恋をお手伝い

オナガセアオマイコドリのオスは、黒い体に赤いぼうしをかぶり、青いマントをはおったようなハデな見た目。長い尾ばねもとくちょう的です。

おもしろいのは、オスの求愛。人間の舞妓さん（おどりや歌をお客さんに見せる人）は女性ですが、**マイコドリはオスがおどります。**それもオス2羽で飛び上がったり、枝に下りたりといった動きをくりかえします。動きがおもちゃのようでおもしろく、鳴き声も「キュイキュイ」「ツクツク」のような音で、鳥らしくありません。

オス2羽はメスをめぐって「自分のほうがダンスがうまい！」と競っているのではなく、師匠と弟子の関係です。**若**

いオスは師匠の求愛を手伝いながらおどりを学んでいるのです。がんばっておどっても、メスとむすばれるのは師匠のオスだけ。芸の道は、なかなかきびしいのです。

あざやかかわいい★10
ヒョウモントカゲモドキは
大きなネコ目で
ぱっちりまばたき！
いえーい☆

はちゅう類は苦手と思っている人も、ヒョウモントカゲモドキを見たら好きにならずにはいられないかもしれません。

明るいイエロー系の体に黒いもようがあって、ネコ科のヒョウを思わせる姿。トカゲのようで、じつはヤモリの仲間です。ヤモリにはふつうまぶたがありませんが、トカゲのようにまぶたがあるので「トカゲモドキ」なのです。

まぶたに守られた目は大きくてまん丸。**ネコ系のくりくりおめめ**です。さらに、色は遺伝によって、1匹1匹ちがうんです。夜空のような黒い目、シャンパンゴールドの目、ルビーのような赤い目などさまざまで、みんなきれい。

そんなステキな目は、**かわきをうるおすとき、眠るときなどに、ゆっくりまばたきをします。**ぱっちりおめめが、やさしく閉じたり開いたりする様子にうっとりしちゃいます。

あざやかかわいい☆11

アンナウミウシは毒があるけど美しい

海の宝石と呼ばれる美しいいきもの、ウミウシ。ウミウシは分類的には巻き貝の仲間ですが、貝がらがないものがウミウシと呼ばれます。日本のまわりの海だけでも、なんと1400種以上のウミウシがいるのだとか。中でも、**とびきりカラフルなアンナウミウシは、水中写真家やダイバーに大人気！**体の色は、外側から黄色、白、黒で、背中は青く、黒いはんてんがあります。2本のしょっかくと、おしりのほうにある花びらのような二次鰓と呼ばれるこきゅうきはオレンジ色です。

そんな宝石のようにきれいなアンナウミウシは、じつは**毒のあるいきものを食べ、体の中に毒をたくわえています。**全身ハデハデな姿は、「毒あり、キケン！」のしるしになるんです。きれいなバラにはトゲがあるように、きれいなウミウシには毒があるのですね。

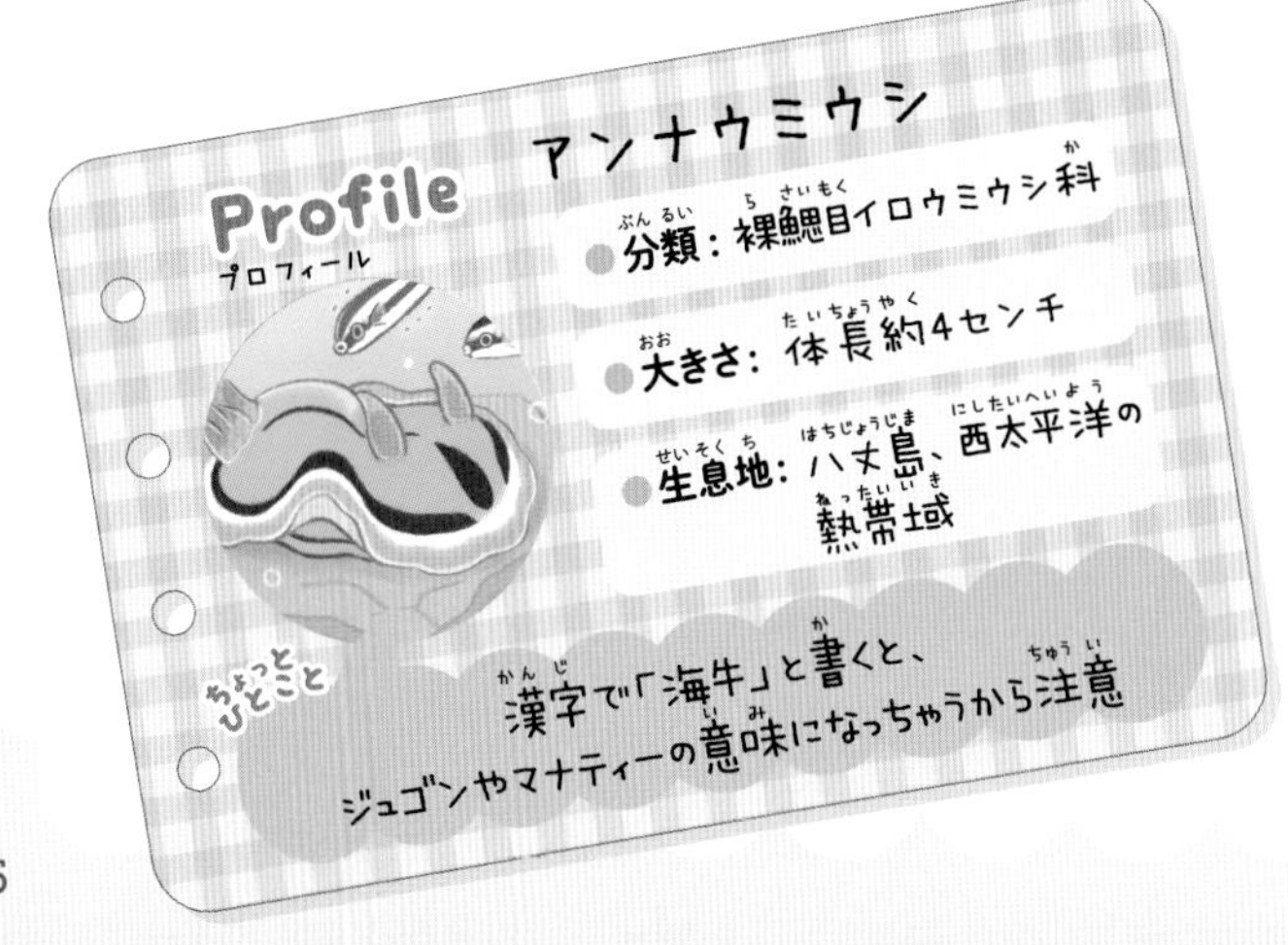

あざやかかわいい★12

アオアズマヤドリは青ずくめの東屋で恋をする

東屋とは、庭などにある小屋のこと。そう、アオアズマヤドリとはその名のとおり、青い東屋をつくる鳥なのです。

たくさんの小枝をきれいに並べて短いトンネルのようなものをつくり、そのまわりに青いものをちりばめれば、東屋の完成！ **青い花や実、青いはねのほか、青いペットボトルのふたや青いストローなどがかざられる**こともあります。つくるのはオスだけ。オスは青みがかった羽色に青い目をしています。そんなオスがせっせと青色のものを集めてくるなんて、おもしろいですね。

なんのために東屋をつくるのかというと、メスにモテるため。**すてきな東**

屋にはメスが寄ってくるのです。では、ぶじに愛が実ったらこの東屋が新居になるかというと……子育てはメスだけで行い、子育てのための巣は、メスが別の場所につくるんですって。

Profile
プロフィール

アオアズマヤドリ

- 分類：スズメ目ニワシドリ科
- 大きさ：全長約31センチ
- 生息地：オーストラリア東部

ちょっとひとこと
メスをとられないように、ほかのオスの東屋はこわしてしまうよ

あざやかかわいい★13

デイゴハナガサクラゲはクラゲの中でもピカイチの美しさ

海の中でゆらゆらとただようクラゲ。すきとおった体、たなびくしょく手（うでのようなもの）が幻想的ですよね。さまざまな美しいクラゲがいる中でも、**世界一美しいとの呼び声が高い**のが、このデイゴハナガサクラゲです。沖縄本島で見つかり、2019年に新種として登録されたばかりの、見つかりたてほやほやのクラゲです。

デイゴハナガサクラゲは、日本の海でよく見られるハナガサクラゲより色がうすめで、しょく手の数が少ないといったとくちょうがあります。**しょく手は細く、まるでレースのよう。**かさの表面は、緑や赤のけいこう色に光っていて、とってもきれいです。

こんなに美しいのはなんのため？　くわしくは明らかになっていませんが、敵やしがいせんから身を守る、えものを引きつけるなどの意味があるのではないかと考えられています。

あざやかかわいい★14
ラグドールは
見た目も性格も
まるでぬいぐるみ！

ラグドールとは「ぬいぐるみ」という意味。ラグドールは、**ぬいぐるみのようにふわふわの毛につつまれた、とてもきれいなネコ**です。すみきったブルーの目、顔や耳や足先などにだけ色の入った上品な毛色は、絵本から飛び出してきたような美しさです。

顔や耳や足先やしっぽなど、体の先のほうにだけ色が入る毛色のことを、「ポインテッド」といいます。じつはこのポインテッド部分は、温度によって色のこさが変わるのです。温かいときは色がうすくなり、冬などの寒いときはこくなります。だから、温かいお母さんのお腹から生まれてきたばかりの赤ちゃんラグドールは、全身真っ白。

ネコといえば気まぐれな子が多めですが、ラグドールは**おだやかでのんびりした性格**。人にだっこされるのも大好きです。そんなところがまた、「ぬいぐるみ」っぽいですね。

Profile
プロフィール

ラグドール

- **分類：** 食肉目ネコ科
- **大きさ：** 体重6～9キロ（オス）
- **生息地：** アメリカ原産、ペットとしては世界中

ちょっとひとこと
毛色のこい部分は、うすい色の部分よりも体温が低いよ

サモエドは毎日クリスマスみたいな笑顔

サモエドは、白くてふわふわの毛を持つ大型犬。この毛が、スゴイんです。

サモエドは昔から、極寒の地で人間といっしょに暮らしてきたイヌです。暑さには弱いけれど**寒さにはだれよりも強く、雪も氷もへっちゃら。**じつはサモエドの毛は外側が長くてかたく、雪も水も入りこめないようになっています。逆に、内側の毛は短くやわらかく、体温で温められた空気を閉じこめてのがしません。白く美しいだけでなく、二重構造で高性能なんですね。だからどんなに寒い日でも、サモエドはホッカホカ！

大きくて力も強いイヌですが、やさしい目をしていて、きゅっと上がった口

元は「サモエド・スマイル」と呼ばれる、とっておきの笑顔。いつも楽しそうで、見る人みんなを笑顔にしてくれるサモエドは、「クリスマスのイヌ」とも呼ばれているんですって。

Profile
プロフィール

サモエド

- 分類：食肉目イヌ科
- 大きさ：体高53～59センチ（オス）
- 生息地：シベリア原産。ペットとしては世界中

ちょっとひとこと
厚い体の脂肪も体温調節に役立つよ

あざやかかわいい★16
アオヒトデは
青すぎて
逆に目立ってる!?

アオヒトデは、まるで宝石のラピスラズリのようにあざやかな青いヒトデ。あざやかすぎて、すぐ敵に見つかってしまわないか心配ですが、大丈夫！「アオヒトデが住む海はサンゴが多く、水がすきとおっていてあたり一面が青色だから、青色のものは敵から見えにくい」と考えられています。

ただ、着物のふりそでのような前足を持つ、その名もフリソデエビというエビは、アオヒトデが大好物。**アオヒトデはよくフリソデエビに食べられています。**やっぱり、青色があざやかで目立ちすぎているのかもしれませんね!?

海の浅いところにいて入手しやすいため、水族館や観賞魚店でも見られるアオヒトデ。敵のいない水そうの中で安心してしまうのか、**うでをあちこちに曲げてリラックスしているような姿**ももくげきされています。

Profile プロフィール

アオヒトデ

分類：アカヒトデ目ホウキボシ科

大きさ：幅長（中心からうでの先端まで）約10センチ

生息地：紀伊半島以南、琉球列島

ちょっとひとこと

自分でうでを切って子どもを増やすこともできるよ

あざやかかわいい★17

リュウキュウアオイガイは砂にずきゅんとつきささるハート形

リュウキュウアオイガイは、日本では奄美大島から南の海に住む貝です。とくちょうは、なんといってもこのハート形！色も**ピンクや白、むらさきや黄色など色とりどり**でとってもきれいです。

貝は体がやわらかい軟体動物で、体のまわりにかたい貝がらをつくって敵から身を守っています。また、貝の多くは砂にもぐって暮らしていて、たとえばお味噌汁の具でおなじみのアサリは貝がらから足を出し、足を使って砂にもぐります。リュウキュウアオイガイには足がありません。どうするかというと、**ハート形の貝がらの、とがった部分から砂にもぐっていく**のです。砂にざっくりつきささっていくハートの貝なんて、おもしろすぎる！

ハート形の貝がらにはヒミツがもうひとつ。表面に小さなトゲがあって、これも敵から身を守ってくれるんですよ。

あざやかかわいい★16

ヒョウモンダコは キケンで美しすぎる 海の宝石箱

ヒョウモンダコは、触腕（長くてしなやかな手のようなもの）をのばしても人の手のひらサイズの小さなタコ。

ふだんは黄色系の目立たない色ですが、敵に出くわしたりすると、ハデハデ黄色に大変身。**体中に点々とあるもようは、あざやかな青色**になります。まるで、宝石箱をひっくり返したみたいな美しさ！

このもようが、ネコ科動物のヒョウに似ていることから、ヒョウモンダコの名前がつきました。

青い宝石のような美しい色にうっとりしちゃいそうですが、近づかないでくださいね。この色は、「自分は毒を持っているよ」というサインなのだから。そう、ヒョウモンダコはテトロドトキシンという毒を持っています。**この毒は強力で、かみつかれた人が死んでしまうことがある**ほど。美しすぎるタコにご用心！

Profile
プロフィール

ヒョウモンダコ

- 分類：タコ目マダコ科
- 大きさ：全長約12センチ
- 生息地：太平洋の熱帯～亜熱帯の海

ちょっとひとこと
泳ぎは苦手でスミもはかないよ

column

［コラム］

キュートな声にキュン

いきものにとって、鳴き声は仲間とコミュニケーションをとるための大事な手段です。中には、とってもキュートな鳴き声や、うっとりするような歌声の持ち主もいるんですよ。

コラム❶

デグーは歌うネズミ

Data

●分類／齧歯目デグー科

●大きさ／体長25〜31センチ

●生息地／南アメリカのアンデス山脈

解説

さまざまな鳴き声を持つデグーは、「アンデスの歌うネズミ」とも呼ばれます。動物園などで見かけたらぜひ鳴き声でコミュニケーションをとっている様子を観察してみましょう。声だけでなく、しっぽや耳、体の姿勢などもいっしょに見て「今どんな気持ちなのかな」って想像してみてね。

コラム②

カピバラは鳥のような声も出す

Data

●分類／テンジクネズミ科カピバラ属

●大きさ／体長106～134センチ

●生息地／南アメリカのアマゾン川流域など

解説

カピバラはおしりをなでなでしてもらうと、気持ちよくてゴロンと寝ころびます。そのときに出す声もかわいいので要チェック！ あまえたいときは高めの「キュルキュル」「ピーピー」という声を出すこともあります。まるで鳥のようですね。

コラム③

若いウグイスは歌が下手っぴ

Data

- 分類／スズメ目ウグイス科ウグイス属
- 大きさ／全長約15.5センチ
- 生息地／日本、中国、東アジア

解説

ウグイスといえば美しいさえずり！ でも若い鳥は、まだまださえずりが下手です。3月ごろ、巣立ちしたばかりの鳥が「ホけぴヨ」「ケキョ」などと鳴いていることがあります。これは「ぐぜり鳴き」というさえずり練習。いっしょうけんめい練習して、だんだんじょうずになるんですよ。

コラム4

カジカガエルは小鳥のような声で鳴く

Data

- 分類／無尾目アオガエル科
- 大きさ／37〜44ミリ（オス）
- 生息地／本州、四国、九州の山地

解説

カジカガエルは日本にしかいないカエル。4〜7月ごろのはんしょく期には、オスはメスを探して、「コロコロ」「カカカカ」など、美しい声で鳴きます。まさかカエルが鳴いていると思わず、小鳥のさえずりやだれかが吹く笛の音とかんちがいしちゃう人も少なくないとか!?

あなたといっしょに遊びたいな！

いとおしい！

あまえじょうずで かわいいいきもの

ついあまやかしたくなっちゃういきものを紹介するよ！

あまえたかわいい★1

クロシロエリマキキツネザルの赤ちゃんはママ以外にもあまえじょうず

クロシロエリマキキツネザルは、キツネザルの中でもっとも大きな種類です。

お腹としっぽ、足などは黒、背中や足の付け根あたりなどは白で、まるでパンダのよう。この白黒もようは、おたがいに**「仲間同士だね」と確認しあったりするのに役立っている**といわれています。

赤ちゃんの育て方もとくちょう的。ママは出産が近づくと、木の上に巣をつくります。赤ちゃんは生まれてからしばらくは、その巣の中でママに抱きついて過ごします。ここまではほかのサルと同じですが、赤ちゃんがぶじに大きくなると、仲間との**共同の巣に移り、そこで子育てをする**んです。ここには別のママと子やオス、仲間たちがいて、ママが食事に行く間などは、ママ以外のサルが子どもの世話をしてくれるんですよ。まるで保育園みたいですね。

あまえたかわいい★2

キングペンギンのヒナは親鳥(おやどり)の足(あし)の上(うえ)で暮(く)らしている

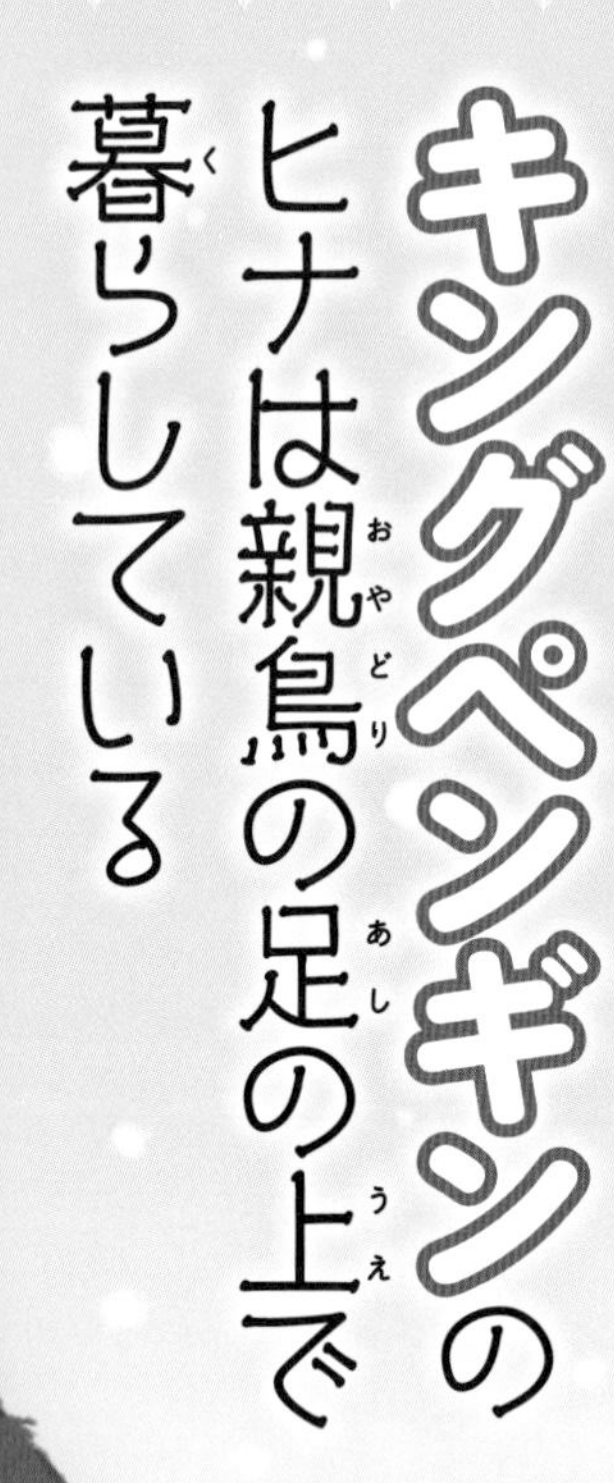

鳥の仲間が子育てにかける期間はふつう数か月ですが、キングペンギンはなんと1年以上！　18種類いるペンギンの中でももっとも長い期間です。

親鳥は春に1個の卵を産んで両足の上で温め、ふ化したヒナをそのまま足の上で育てます。**ヒナを足の上に置いたまま、バランスをとりながらよちよち歩きするんですよ。**

大きくなったヒナは、全身茶色でふかふかの大きなぬいぐるみのよう。この大きな体にはヒミツがあります。食べ物が少ない冬の間、親鳥は遠くまで食べ物を探しに行きます。この間、ヒナたちだけで集まって両親の帰りを待ちますが、中には5か月間食べ物にありつけないヒナも。ですから冬が来る前にたくさん食べて、栄養をたくわえるために体が大きいというわけ。**まるまるとした体は、きびしい自然に耐えるためのもの**だったのです。

あまえたかわいい★3

カカポは人間(にんげん)に恋(こい)をすることもある

ニュージーランドに住むオウムの仲間、カカポ。体重は4キロもあり、オウムの中でもっとも重い種類です。体からハチミツのようなあまいかおりがするのがとくちょうです。

カカポは、人なつっこい鳥としても有名です。人の手で育てられたカカポの中には、**人間を恋人だとかんちがいする子も。**人の頭によじのぼって求愛する姿が話題になったこともあるんですよ。

そんなカカポは飛べない鳥。住んでいる場所のまわりに敵である肉食動物がいなかったため、飛ぶ能力がなくなりました。そのため、ピンチになっても飛んで逃げられず、さらに危険がせまるとかたまってしまうという性格から、近年人間が持ち込んだイヌやネコなどにおそわれて**数を減らし、ぜつめつ危惧種に。**今ではけんめいな保護活動により、少しずつ数を増やしています。

あまえたかわいい★4

バンドウイルカはママのサポートで泳ぎがぐんぐん上達する

バンドウイルカは海に住むほ乳類です。人間の赤ちゃんは生まれるときは頭からが多いですが、バンドウイルカの赤ちゃんは、頭からではなくしっぽから。それはなぜでしょう？　答えは、しっぽから生まれれば、すぐにしっぽを動かして泳ぎ、水面に出て呼吸ができるから。**生まれた瞬間から、自分で泳がなくてはならない**なんて大変ですね。

ただ、泳げるといっても、やっぱりまだちょっと下手。**ママの体に乗っかったり、ママの体の動きや水面での息つぎをまねしたり**しながら、泳ぎがじょうずになっていきます。

ほ乳類なので赤ちゃんのときに飲むのはもちろんママの母乳。赤ちゃんの舌は

ひだがたくさんあり、ブラシ状になっています。この形のおかげで、水の中でも母乳を飲むことができます。このブラシ状のひだは、授乳期間が終わるとだんだん消えていくんだそうですよ。

あまえたかわいい★5

ダチョウはくねくねダンスで好き好きアピール！

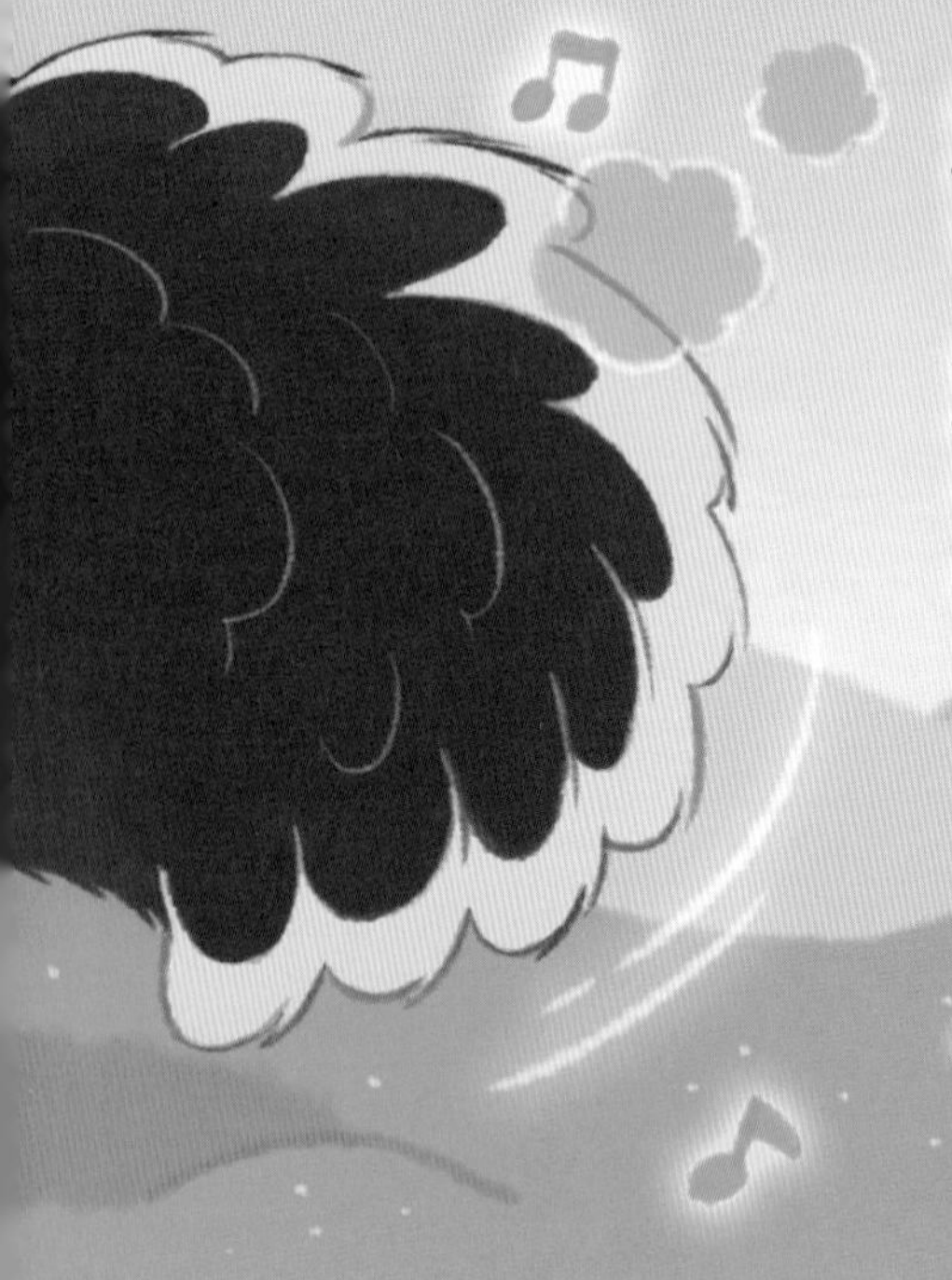

動物園でも人気のダチョウは、オスは体が黒で、つばさの先っぽとしっぽだけが白。メスは全身茶色で、色のちがいで簡単に見分けることができます。

オスがメスに向かって**愛情をアピールするダンスがとっても情熱的と話題！**つばさを上げて小刻みに足ぶみをしたり、しゃがみこんではねを広げ、首を左右にくねくねとふったりします。動物園などで飼われているオスダチョウは、**お気に入りの飼育員さんに向かっておどることもあるんです**よ。

野生のダチョウは10羽ほどの群れで暮らしていて、メスたちは同じ巣の中に卵を産みます。一番強いメスの卵は巣の真ん中、弱いメスの卵は外側のほう

に置かれ、外側の卵ほど、敵におそわれて食べられてしまう確率が高いのだとか。生まれたヒナは体重が1キロほどで、なんと親鳥の100分の1しかないんだそうです。

あまえたかわいい★6

カメレオンは なつけば 手乗りになる

カメレオンのとくちょうといえば、丸いまぶたの中の大きな目。左右別々にきょろきょろと動かし、えものを探すのに役立てています。えものをつかまえるときは長い舌を一瞬でのばして吸いつけ、あっという間に食べてしまいます。

狩りの様子はこうげき的ですが、**性格は比較的おだやか。**ペットとして大切に飼えばなつきます。慣れてくると指にしっぽを巻きつける子や、**手の上で安心して寝てしまう子も**いるんですよ。カメレオンは木の上で生活するので、手足のつかむ力は強め。なので「持つ」のではなく、手に「乗せる」と勝手に手乗りカメレオンになります。

周囲の明るさや気持ちの変化によって体の色が変わったり、ぐるぐるキャンディのようにしっぽを丸めて、木の枝に巻きつけて体を支えたりするなど、キュートな面もたくさんあるのがみりょく的ですね。

あまえたかわいい★7

フェレットはダンスで飼い主を遊びに誘う!?

細長い体、黒目がちの目があいらしいフェレットのユニークなダンスを知っていますか？

フェレットは気分が高まると、**くねくねとふしぎなおどり**をします。これは「ウィーゼル・ウォー・ダンス」と呼ばれるもの。ウィーゼルは「イタチ科動物」、ウォー・ダンスは「戦いのおどり」という意味です。敵をだましたり、えものをパニックにさせたり、あるいはイライラした気分を忘れるためなどにおどるのではないかと考えられています。

フェレットを天敵とするネズミがこのおどりを見たら「おそわれる！」ときょうふを感じるはず。でも、人間はこのおどりを見て「かわいい」と思います。それがわかっているのか、飼い主の前でひろうすることがあります。この場合は**「もっと遊ぼう」というメッセージではないか**、と考えられています。

あまえたかわいい★6

セキセイインコは好きな人の手の上で寝ころぶ

ペットとしておなじみのセキセイインコ。品種によってはねの色やもようがちがい、世界には約5千種類、日本で飼うことができるのは約10種類といわれています。

そんなセキセイインコは、**好奇心がおうせい。**遊ぶのが大好きで、お気に入りのおもちゃがあるといつまでも遊んでいるんですって。ヒナから大切に育てると人によく慣れて、手乗りになります。手のひらの上でつつむように「にぎ」るとあおむけに「ころ」んとする、「にぎころ」という姿を見せてくれる子もいます。この「にぎころ」は、インコと**とっても仲良くなると見ることができる**、レアな姿勢なんですよ。

できるようになるには、練習が必要です。まずはさわられるのに慣れてもらうところから。急にあおむけにするとこわがってしまうので、あせらず、やさしくゆっくりがポイントです。

あまえたかわいい★9

モルモットはぺろぺろなめて愛情アピール！

動物園のふれあい広場などでよく見かけるモルモット。**足が短くしっぽがないまん丸の体形、頭のサイズに対して大きな目**がみりょくです。

そんなモルモットが、人の指をなめてくることがあります。もともとモルモットは仲間意識が強く、群れの仲間とコミュニケーションをとるためになめることがあります。人に対しては**安心しているとき、遊んでもらってうれしいときなどになめる**こともあるとか。「あまえたい」の意味もあるそうですよ。

和名（日本語での名前）は「天竺鼠」と書きます。「天竺」はインドのことですが、じつはインドにモルモットはいません。英語名は「ギニアピッグ」（ギニ

アのブタという意味）ですが、アフリカ・ギニアにはおらず、ブタでもないんです。モルモットという名前は、マーモット（リスに近い仲間という意味）と混同されて付いたという説があるそうです。

Profile
プロフィール

モルモット

- **分類**：齧歯目テンジクネズミ科
- **大きさ**：体長約25センチ
- **生息地**：南アメリカ原産、ペットとしては世界中

ちょっとひとこと
ふだんから観察していると、目や体の姿勢で気持ちがわかるよ

あまえたかわいい 10

イロワケイルカはときどき人間と遊びたくなる!

イロワケイルカは全身が白黒もよう。パンダのようなのでパンダイルカとも呼ばれます。体の大部分は白ですが、頭と背ビレ、尾ビレなどが黒です。

南アメリカの沿岸部、インド洋南部に生息しますが、日本の水族館でも見られます。バンドウイルカなどのイルカよりもかなり小さめで、きびきびとした動きがとくちょう。社交的な性格のため、水そうの中から、**人間を追いかけてくる姿を見せてくれる**こともあります。もちろん、いつもではありませんが、人が少なくてたいくつなときや、朝、水族館がオープンした直後などに、お客さんと遊んでいるところがよく見られるんですって。

動きがおもしろい人や、予想もつかない動きをする子どもが好きなようで、ときどき興味深そうに追いかけているそうですよ。いっしょに遊べたらおもしろいですね！

Profile
プロフィール

イロワケイルカ

- 分類：クジラ目マイルカ科
- 大きさ：全長1.3〜1.7メートル
- 生息地：南アメリカ沿岸とインド洋南部の一部の海域

ちょっとひとこと
人間には聞こえない音声「クリック音」で会話するよ

あまえたかわいい★11
キャバリア・キング・チャールズ・スパニエルは
注射のときもニッコニコ〜

キャバリア・キング・チャールズ・スパニエルは、イギリスで生まれた小型犬です。イギリスの王・チャールズ2世がキャバリアをとても好んだそうで、このイヌといっしょにえがかれた絵画が残っています。

みりょくは**性格がやさしく、人になついてくれる**こと。子イヌのころからさまざまな人や場所に慣れさせ、「人はこわくない」、「はじめての場所でも大丈夫」と教えることで、どこでも明るく楽しく過ごせるようになります。はじめて見る人もすぐに大好きになってなつくのだそう。

さまざまな犬種が集まる動物病院でも、**キャバリアはいつも落ち着いている**そうです。たいていのイヌは注射がきらいですが、キャバリアはぜんぜん平気！ 飼い主やじゅういさんなど多くの人に囲まれていれば、楽しそうにしていることもあるんですって。

あまえたかわいい★12

アザラシは好みの人間にぎゅっと抱きつく

アザラシは海で暮らすほ乳類で、世界には19種類のアザラシがいます。日本では北海道に野生のアザラシが住んでいて、水族館でもさまざまな種類が飼育されています。

最近、アザラシの中で人気急上昇中なのはワモンアザラシ。**アザラシの中でももっとも小さい種類です。**赤ちゃんのころは真っ白ですが、大人になると、全身に輪のようなもようが現れることから「ワモン」という名前がつきました。

大阪の水族館で生まれたワモンアザラシは、赤ちゃんのころから飼育員さんが育てたため、人間が大好き。とくに好きな人にはよくなついて、**掃除をしている最中にぎゅっと抱きつく**こともあるんだとか。遊ぶのも大好きで、遊びを通して体の能力をのばしたり、仲間とうまくやっていく方法を学んだりしているのだと考えられています。

Profile プロフィール

アザラシ

- 分類：食肉目アザラシ科
- 大きさ：全長約1.4メートル
- 生息地：北極海、北大西洋、北太平洋、オホーツク海

ちょっとひとこと

足はヒレのようになっていて、泳ぐのがとってもじょうず！

あまえたかわいい★13

ウサギはせんぱいを見習ってあまえんぼうに育つ

ウサギ（カイウサギ）は、人になつくように品種改良されてきました。**長い耳、くるんと丸く大きな目、ふわふわの毛**が最高にあいらしいですよね。大人しい性格なので、動物園のふれあい広場でもおなじみです。

ウサギはコミュニケーション能力が高く、ふれあい広場などでは仲間と平和に暮らし、人にもよくなつきます。とはいえ、もともとウサギはおくびょうな性格なので、人間を見てこわがってしまうこともあります。

生まれたばかりの赤ちゃんや、新しくやってきたウサギは、前からいた人なつっこいウサギが人間に近づいてあまえる姿や、えさをもらってよろこぶ姿をよく見ています。そこから、**「人間は危険ではない」と学ぶんですね。**こわがらせないように近づくのが、ウサギにあいされるポイントです。

あまえたかわいい★14

フクロモモンガがあまえてくるのは愛情のしるし

大きな目があいらしいフクロモモンガ。モモンガはリスやプレーリードックなどの仲間ですが、フクロモモンガはじつはカンガルーやコアラの仲間。メスが子どもを入れて育てるためのふくろを持つ「ゆうたい類」です。

こわがりのため、1匹でいるとストレスになるのだとか。野生では6〜10匹ほどの小さな群れをつくって暮らします。夜行性なので昼間はほとんど眠っていて、夜になるほど元気いっぱいに。「シューシュー」「チキチキチキチキ」といった鳴き声で、おたがいにコミュニケーションをとりながら暮らしています。

一方で、人間にもよく慣れます。**安心できる環境がととのうと、あまえてくる**ことも。**人間を信頼し、**鳴き声で遊んでアピールをしてくることもあるんだとか。どちらの面も、フクロモモンガのあいすべきとくちょうですね！

あまえたかわいい★15

キンギョはえさをくれる人間が大好き！

キンギョはフナという魚からつくられたというのを知っていますか？　フナは地味な色ですが、子どもに赤や白などの色が表れることがあり、それを池や水そうなどで飼うようになったのがペットとしてのキンギョのはじまり。飼っているおうちも多いかもしれませんね。

仲良くなるのに重要なのはえさの時間。キンギョは人からえさをもらえる経験をすると、人に近づく行動を多くとるようになります。毎日同じ時間にやさしく話しかけながらえさをあげると、キンギョはあなたを好きになり、**えさをねだってあまえるようになる**こともあります。

小さな器で飼う「どんぶりキンギョ」という飼い方もあります。水をくみおいて毎日かえる、温度に気を付けるなど、世話は大変ですが、水そうよりきょりが近く、かなりなついてくれるんですよ。

column

［コラム］夜行性のかわいい子たち

夜行性のいきものは、昼に活動するいきものとはちょっとちがうおもしろいとくちょうを持っています。光の少ない中でもものがよく見える、音をよく聞き取れるなどのすごい能力に注目してくださいね。

コラム5 ショウガラゴの声はちょっとぶきみ

Data

- 分類／霊長目ガラゴ科
- 大きさ／体長15～20センチ
- 生息地／アフリカの森林地帯

解説

ショウガラゴは人間の赤ちゃんのようなかわいらしい声で鳴くことから、ブッシュベイビー（しげみの赤ちゃん）と呼ばれています。夜行性で、目が大きく、少ない光でも目がよく見えるんです。くらやみの中で目に光を当てると光るんですって。ちょっとこわいかも…？

アルマジロは丸で寝るとは限らない

- 分類／アルマジロ目アルマジロ科
- 大きさ／体長20〜27センチ（ミツオビアルマジロ）
- 生息地／中南米（ミツオビアルマジロ）

解説

夜行性のアルマジロは、昼間はひたすら寝ています。1日に16時間も眠ることがあるそうで、けっこうな寝ぼすけです。丸まって眠るようなイメージがありますが、横向きになったり、うつぶせになったり、意外と寝ぞうは自由形。もちろん丸まって眠る子もいますよ！

コラム7

アイアイはしっぽまくらで寝る

童ようでもおなじみのアイアイは
目がまん丸！
しっぽはふさふさでとってもやわらかい！
さわる？
ふさふさのしっぽはまくらにもなるよ

Data

●分類／霊長目キツネザル科
●大きさ／体長約40センチ
●生息地／アフリカ大陸南東のマダガスカル島

解説

アイアイは、マダガスカル島に生息する夜行性のいきものです。目が大きいので、光が少ないくらやみでも目がよく見えます。耳もチャーミングですが、何よりうらやましいのが、体長の半分ほどあるふわふわのしっぽ。これ、眠るときにはまくらになるんですって。いい夢が見られそうですね。

コラム8

ツチブタはくらやみでも元気いっぱい

Data

- 分類／管歯目ツチブタ科
- 大きさ／体長105～130センチ
- 生息地／サハラさばく以南のアフリカ大陸

解説

鼻だけではなく舌も長～いツチブタは、アリやシロアリの巣（アリヅカ）に舌をさしこんで、中にいるアリやシロアリをつりあげて食べます。ツチブタは夜でも音をたよりに活動できるので、夜、突然おそいかかる舌にアリたちもびっくり！動物園でも暗い部屋の中を元気に歩きまわっています。

小さくてかわいくて生きてるだけで100点満点！

いやされる！

ちびっちゃくて
かわいいいきもの

ちっちゃくてもがんばって生きているいきものを紹介するよ！

ちびかわいい★1

ハチドリはとっても小さいのに大食い

ハチドリは体長10センチ前後、体重は2～20グラムほどのとても小さな鳥として有名です。頭や首、背中の色のちがいで、約340種類にも分けられます。

そのハチドリのとくちょうが**「ホバリング」という飛び方。**1秒間に50回以上、つばさを8の字に動かして飛ぶことで、まるで空中で止まっているかのように見えるんです。上下左右前後の移動も自由自在！

この飛び方は多くのエネルギーを必要とするので、主食である花のみつを**1日に自分の体重と同じくらいの量を吸って**パワーをたくわえます。まわりにとまる場所がなくても、ホバリングによって飛んだまま花のみつを吸うことができるんですよ。大切な花のみつをめぐってほかのハチドリとはげしく争うこともあるんですって。見かけによらず、パワフルで大食いなんですね！

ちびかわいい★2

トウキョウトガリネズミは小さすぎて虫にふっとばされる

トウキョウトガリネズミは、**体重が1円玉2枚分ほどしかない**とっても小さなほ乳類。体長は、大人の親指くらいしかありません。

そんなに小さくて、大都会・東京で生きていけるのかと心配になりますが、じつは東京にはおらず北海道だけにいます。トウキョウトガリネズミの発見者が、発見した場所を「エゾ」（Yezo、今の北海道）と書くべきなのに「エド」（Yedo、今の東京）と書きまちがえてしまったのです。さらに、モグラの仲間に近い種類なのに、しっぽが長かったので「ネズミ」と名付けられてしまいました。東京にもいなくてネズミでもないなんて、それだけであいくるしい！

主食は虫ですが狩りは苦手。**体が小さいために虫にはじきとばされてしまうことも。**4時間ほど何も食べないと死んでしまうので、いつでも必死で食べ物を探しています。

Profile
プロフィール

トウキョウトガリネズミ

分類：トガリネズミ形目
トガリネズミ科

大きさ：体長3.9〜4.5センチ

生息地：北海道

ちょっとひとこと
細長いとんがり鼻と小さな目がとくちょうだよ

ちびかわいい★3
カニーンヘンダックスフントは
パンにはさんでみたくなる

胴長でキュートなイヌ、ダックスフントは世界中で大人気！ ダックスフントは大きい順に、スタンダード、ミニチュア、カニーンヘンの3種類に分かれます。一番小さなカニーンヘンの体重は3〜3・5キロ、胸囲（胸のまわり）は30センチ以下です。

「カニーンヘン」とはドイツ語でウサギのこと。人間がウサギを狩るときに連れていくイヌとしてつくり出されました。足が短く体が細長〜いので、**ウサギの巣穴に入ってウサギを追い出すことができる**んですよ。もともと狩りが得意なイヌなので、勇敢で明るく、好奇心おうせいな性格もみりょくのひとつです。

ダックスフントの体は細長くてソーセージみたいですよね。その見た目からパンにソーセージをはさんだ**「ホットドッグ」の名前の由来になったという説**もあるとか。想像するとキュートですね！

シモフリヒラセリクガメは世界最小サイズ！だけど美しさナンバー1！

シモフリヒラセリクガメは、南アフリカのごく限られた地域にしか住んでいない、とてもめずらしいカメ。世界最小のカメとしても知られています。甲長（背中のこうらの長さ）は約10センチと、**手のひらに乗る大きさ**です。

こうらの色がとても美しいのもとくちょうです。世界に5種類いるヒラセリクガメの中で、**もっともこうらの色があざやか。**牛肉の断面に白いあぶらが点々と広がる「しもふり牛肉」を見たことがありますか？ シモフリヒラセリクガメの「シモフリ」はこの「しもふり」と同じ意味。ちょうどあんな感じでこうら一面にもようが広がっています。

「ヒラセ（平たい背）」という通り、リクガメは背中が平ら。ほかのカメにくらべて全体的に平べったく、その姿もとってもあいくるしいんですよ。

ちびかわいい★5

ミミイカは小さいのに夜はピッカピカ！

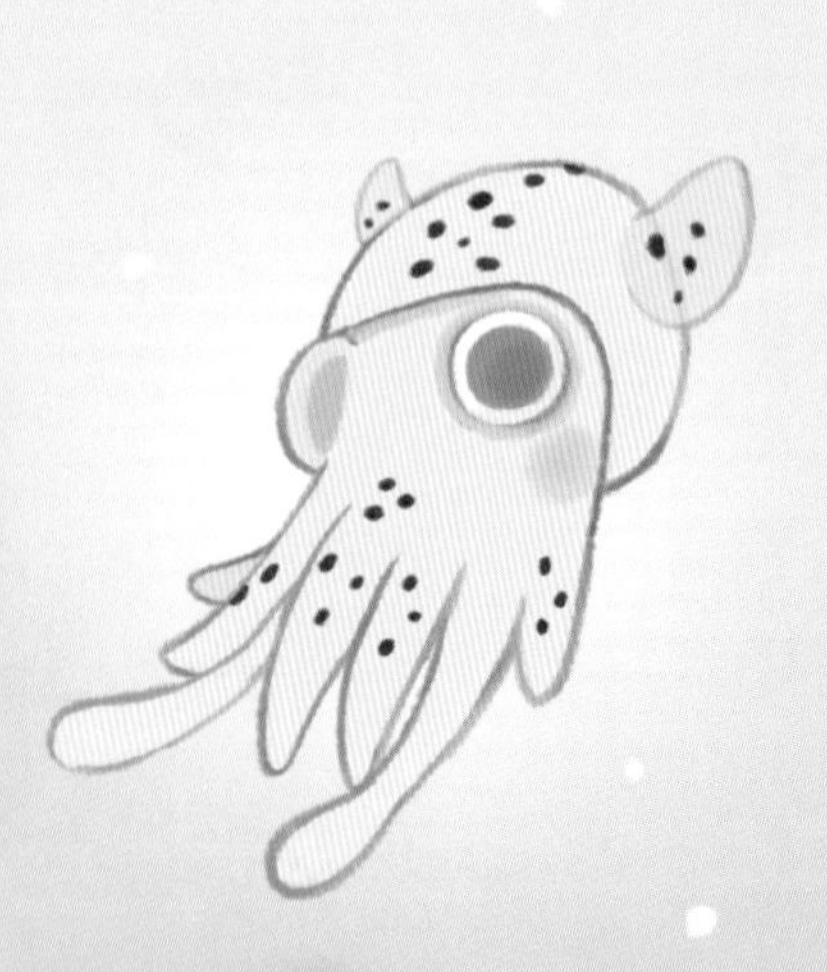

夜の海で青白く光るものを見つけたら、ミミイカかもしれません。ふだんは砂にもぐっていますが、日が落ちたころから夜にかけて出てきて、食べ物を求めて水面を泳ぐことがあります。体は4センチほどでとても小さく、ほかのイカのように頭と胴体が分かれておらず、くっついています。

しかし**光っているのは、じつはミミイカの体ではない**んです。ミミイカの体の表面には「発光バクテリア」といういきものが住んでいて、これが光っています。これにより敵から見つかりにくくなったり、えものを引き寄せたりといった効果を得ています。かなり強い光ですが、光の大きさを自由に変えられるそうですよ。

体からぽちっと飛び出している丸い耳は、じつはヒレ。ヒレを高速で動かすことで、水中を自在に泳ぐことができるんです。

ちびかわいい★6

スナメリは笑っているようで本当は笑っていない

スナメリは世界でもっとも小さなイルカの一種。正面から見た顔が笑っているように見えるので、水族館でも大人気です。でも本当は**笑っているわけではなく、そう見えているだけ。**人間が「かわいいいな」と思うとくちょうを集めた顔をしているんだそうです。

体の長さや体重は、小学校高学年の子どもと同じくらい。口先が短く全身がうすいグレーなのもほかのイルカとちがうとくちょうです。

スナメリには、ほかのイルカとちがって背ビレがありません。代わりに**背中から尾ビレの付け根まで1センチくらいの出っ張りが続いていて、**その中には神経が入っています。これを仲間同士でこすりつけあったり、ママスナメリが子どもを出っ張りのところでおんぶしたりするなど、コミュニケーションに使っているようです。

ちびかわいい★7

ピグミーマーモセットは食事の準備をするおりこうなサル

これまで、ピグミーマーモセットは世界最小のサルといわれてきましたが、じつは世界で2番目ということが最近わかりました。最小はベルテネズミキツネザルというサルです。とはいえ、ピグミーマーモセットも**手のひらに乗るくらいのかわいいサイズ**。するどいかぎづめと体より長いしっぽを持ち、木の上で生活します。

こんちゅうや果物も食べますが、主食は木をけずったときにしみ出てくる樹液です。樹液はけずってからすぐには出てこないので、ピグミーマーモセットは食べる1日ほど前に木に穴を開け、樹液が出てくるのを待ちます。**自分が食べたいときに樹液が出るように工夫**

するこの行動、じつはとってもすごいこと！　このように少し先のことを予想して行動できるのは、人間とピグミーマーモセットだけなんですって。とってもかしこいんですね。

ちびかわいい★8

イベリアコヤスガエルは全身から毒を出して身を守る

イベリアコヤスガエルは、カエルの中でも最小クラス。**大人になっても体長が約10ミリ**しかありません。こんなに小さな体でどうやって身を守っているのでしょうか？ その答えは、毒です。

イベリアコヤスガエルの主食は、なんと毒を持ったダニ。食べ物の70パーセントがダニというデータもあります。イベリアコヤスガエルは**食べたダニにふくまれるアルカロイドという毒をひふから出して身を守って**います。この能力を持つカエルはとてもめずらしいそうです。

こげ茶色の体と、背中側の左右に1本ずつある白や黄色の線のもようは、「自分は毒があるぞ」という敵へのいかくの役割をしています。一見地味ですが、このもようはほかの強力な毒を持つカエルの種類と同じで、自分を危険ないきものに見せる役割があるそうです。

ちびかわいい★9

コビトゴマハゼは米粒サイズでがんばって生きている

コビトゴマハゼは、フィリピンに住む、世界一小さい淡水魚（川や沼、湖に住む魚）の一種です。**大人になっても、全長がたったの10ミリほど**しかなく、体重はなんと8ミリグラムという記録があります。1円玉が1グラムなので、どれだけ小さいかわかりますよね。

日本の石垣島や西表島にもコビトゴマハゼに近い種類のミツボシゴマハゼという魚がいます。体に3つの点があるのが名前の由来。こちらも10ミリちょっとしかないとても小さなハゼです。

この魚は1975年に上皇陛下（今の天皇陛下のお父さん）らによって、発見されました。

ハゼの仲間はあまりスーパーや魚屋さんに並ばないので見る機会がないかもしれませんが、**海にも、川や湖にもたくさんの種類が生活しています。**いつかあなたが新種を発見するチャンスがあるかも！

Profile
プロフィール

コビトゴマハゼ

● 分類：スズキ目ハゼ科

● 大きさ：全長10～15ミリ

● 生息地：フィリピン・ルソン島

ちょっとひとこと
マングローブ（河口の泥地に生える木）がある静かな水域に住んでいるよ

ちびかわいい★10
キティブタバナコウモリのブタそっくりの鼻(はな)はとっても有能(ゆうのう)!

キティブタバナコウモリは、体長約3センチ、体重約2グラムしかない世界最小のコウモリです。世界で一番小さなほ乳類でもあります。

名前の「キティ」は子ネコなどの意味である英語とは関係なく、発見者の名前からつけられました。でも、かわいらしさがぴったりの名前だと思いませんか？

「ブタバナ」という通り、**鼻は前向きに盛り上がり、鼻の穴が2つよく見えます。**ひふもひだのようになっていて、ブタそっくり！キティブタバナコウモリは、**夜行性で視力が弱いので、この鼻が大活やく**します。2つの穴からは高い音が出ていて、それがものや動物などに当たってはね返ってきます。この音を大きな耳で聞くことで、目の前にあるものとのきょりや形、自分の位置などをはあくできるというわけ。あいらしい鼻は目の代わりだったんですね。

ちびかわいい★11

スズメフクロウは見た目フクロウなのにピーピーと鳴く

スズメフクロウは、ずんぐり体型に金色の目、細かい斑点もようをしていて姿かたちはフクロウそのもの。体がスズメのように小さいため、スズメフクロウと呼ばれていますが、れっきとしたフクロウの一種です。ただし、鳴き声はフクロウらしい「ホーホー」という低い音ではなく、**「ピーピー」という高い音。**小鳥っぽくてかわいいんです。

住んでいるのはヨーロッパの寒い地域。主食はネズミなどの小動物ですが、雪が降ると、雪の下にかくれているネズミをつかまえるのがむずかしくなります。**理由は体が軽すぎるから。重い雪をかき分けて中にもぐれないのです。**

体が小さいと、体の中にたくわえら

れる脂肪もわずか。なので、冬を乗り切るために、雪が降る前にたくさん食べてパワーをためておきます。小さい体にも、きびしい自然を生きる力がつまっているんですね。

ちびかわいい★12

ヤブイヌの鳴き声は　ワンワンではなく　キューキュー

キューー キューー

小さくてずんぐりむっくりとした体がとってもラブリーなヤブイヌ。チョコチョコと走り回る姿から目がはなせなくなり、動物園でもひそかな人気者になっています。

丸くて小さい両耳の間がはなれていて、**むちむちで胴長の体に短めの足**はまるでぽっちゃりした子イヌのよう。長いつめがある指の間には水かきのようなものがあって、泳ぐことや水中へもぐることも得意中の得意です。そんなとくちょうから、このヤブイヌは、イヌ科の中でもっとも原始的な種類だといわれています。

イヌなのでワンワンほえるのかというと、そうではなく、**「キューキュー」という高い音の鳴き声**です。この鳴き声もかわいい！とSNSなどでたびたび話題になっています。仲間同士、鳴き声を交わしながら走り回っていることもあるそうですよ。

ちびかわいい★13
コップハナダコは
小さくても
しっかりタコ！

世界最小のタコとして知られるのがコツブハナダコ。成長しても全長は約2・5センチ。体重は1グラム未満。1円玉より軽いんですよ。**きゅうばんがびっしりとついた足に、あいきょうのある目がかわいらしく、**小さくても見た目はタコそのものです。

しかし、まだどんなふうに生活しているかあまりわかっていない種類で、今後の新しい発見が楽しみないきものでもあります。

ところでタコの体型って、なんだかふしぎではありませんか？ 目がある部分が頭のように見え、そこから足が生えているため、この仲間は頭足類と呼ばれます。イカなども同じ仲間です。でも、**頭に見える丸い部分はじつは胴体。**胴体の下にあるのが頭でその下に足が続いています。胴体、頭、足と3つの部位に分かれているのが頭足類のとくちょうです。

ちびかわいい★14

マヌルネコは見た目よりもめちゃくちゃクール

マヌルネコの「マヌル」とは、小さなライオンを意味するロシア語の「マヌール」。耳が短く、丸っこい小型のネコ科動物です。

このマヌルネコ、もっふもふの毛におおわれてあいらしいですが、警戒心が強く、**ペットのネコのようには人間になつきません。**マヌルネコは世界最古のヤマネコ（人間と暮らさない野生のネコ）だからでしょうか。「人間に興味ありません」というクールさは、飼いネコにはないみりょくです。

いつもキゲンが悪そうに見えますが、観察していると表情豊かなのがわかります。とくに目。ほかのネコだとリラックスしているときには目の黒い部分が縦に細くなりますが、**マヌルネコは黒い部分が丸いまま小さくなります。**目がよく、遠くまで見えるようで、動物園では飼育員さんを発見するとじっと見つめたり、小さく鳴いたりすることもあるそうですよ。

ちびかわいい15
ニホンアナグマは
足が短いのに
穴ほりがうまい！

ニホンアナグマは足が短く、ころんとした体型のいきものです。**もこもことした毛と鼻筋の白い線、目のまわりの黒い毛**がチャームポイント！ タヌキとよく似ていますが、見分け方はしっぽの長さで、しっぽが短いのがアナグマです。

そのアナグマには、すぐれた能力がたくさんあります。頭が小さく前足にとてもがんじょうなつめがついています。そのため、**巣穴をほるのがとてもじょうず。**巣穴の中には、仲間が集まるリビングのような部屋、寝室などさまざまな部屋があります。せまい巣穴の中もつめを使ってスイスイ移動できます。

そんな穴ほり名人のアナグマがほった巣穴は、ほかの動物にも大人気。タヌキやキツネなどの動物が、アナグマがほった巣穴を利用して住んでしまうこともあるんですって！

Profile プロフィール

ニホンアナグマ

- **分類：** 食肉目イタチ科
- **大きさ：** 体長44～68センチ
- **生息地：** 本州・四国・九州

ちょっとひとこと
「同じ穴のムジナ」は、同じ穴にいるアナグマとタヌキから生まれた言葉

ちびかわいい★16

カグーは鼻に小さなトウモロコシがついた鳥？

森のゆうれいというとちょっとこわそうですが、そう呼ばれているのはカグーという鳥です。朝早くによくひびく声で鳴くことから、生息地のニューカレドニアの先住民にそう呼ばれています。ニワトリより少し大きく、飛べない鳥でもあります。

土の中を探って食べ物をとるため、土が鼻に入らないように、**くちばしの根元の鼻の穴に小さなカバーが付いています。**英語ではネイザルコーンズ（鼻トウモロコシ）と呼ばれ、米つぶほどの大きさです。これはほかの鳥にはなく、カグーだけなんですって。

体はうすいグレーで、頭には**「かんう」という長いかざりばね**が生えています。ふだんはねかせていて目立ちませんが、いかくや求愛のときには逆立て、鳥には見えないきみょうな姿に変身します。これもゆうれいに見える原因かもしれませんね。

ちびかわいい★17

ヒメアリクイは もふもふなので 木の実に同化できる

ヒメアリクイはアリクイの仲間の中でもっとも小さい種類。しっぽは長く、**全身綿のようなふかふかの毛**におおわれています。

小さくてもアリクイの仲間なので、アリを食べるのがとってもじょうず。前足のつめで木に穴を開け、舌をさしこんで中のアリをペロペロとなめとります。舌の長さは、体長の半分ほどもあるんですよ！ 舌にはべとべとの液がついているので、1晩で数千匹ものアリを食べることができます。

ヒメアリクイはカポックという木などの上に住んでいます。カポックの大きな実からは銀色でもふもふのせんいが出てきます。これが、ヒメアリクイの毛色そっ

くり。昼間、ヒメアリクイがカポックの木にぶらさがって丸くなっていると、**木の実と見分けがつきません。**こうすることで敵から身を守れるというわけ。とってもかしこいんですね！

ちびかわいい★16

ミニチュアホースは イヌよりも 小(ち)さなウマ

イヌと同じくらいの大きさのウマがいると言ったら、びっくりしませんか？　その名もミニチュアホース。サラブレッドと呼ばれるウマはふつう体高（肩までの高さ）が160センチほどもあり、すらりとした姿ですが、ミニチュアホースは83・7センチ以下。**足が短くてずんぐりしていて、抱きしめたくなるようなフォルム**をしています。

人間はこれまでウマに乗ったり、畑を耕したりしてもらうためにいろいろな品種をつくってきました。ミニチュアホースは体が小さいウマ同士をかけあわせ続けることで生まれた種類です。

ギネスに記録されている世界で一番小さなウマは、体高が44・5センチしかありません。このウマは**サムベリナという名前で、日本語にすると「おやゆび姫」**。名前までとってもキュートですね。

column

【コラム】心温まる子育て

いきものたちの心温まる子育ては、見ていてほのぼのしますね。いきものによってはママだけでなく、パパやほかの家族も育児をすることがあります。愛情たっぷりな子育ての様子をのぞいてみましょう。

コラム9 カルガモのママはよその子も育てる

- 分類／カモ目カモ科
- 大きさ／全長51.5〜64.5センチ
- 生息地／アジアの温帯から熱帯

解説

カルガモは、春に卵を産みます。ヒナは大きくなるまでママにくっついて過ごしますが、ママとはぐれて迷子になってしまうことも……。そんなとき、ほかのママが引き取って自分のヒナといっしょに育てることがあります。これは「ヒナ混ぜ」と呼ばれる行動です。カルガモのママは強し！

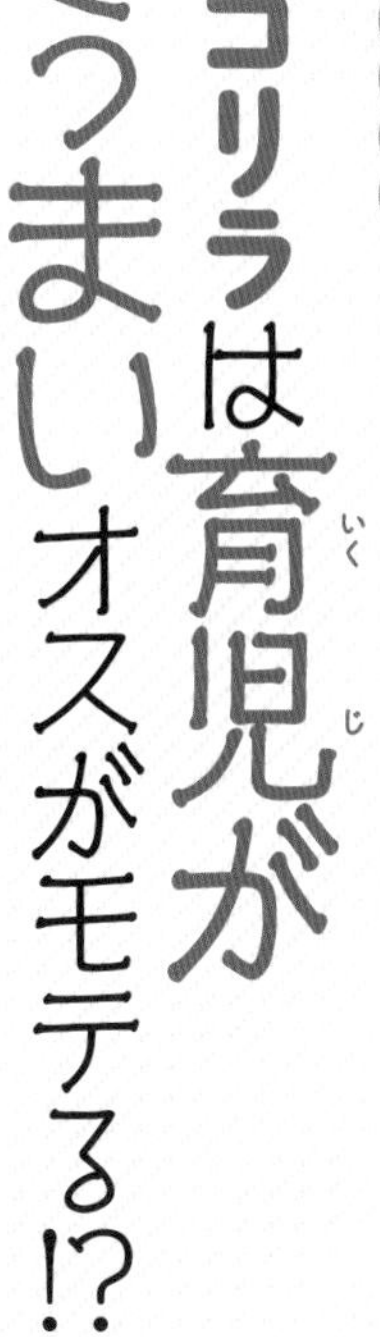

コラム10 ゴリラは育児がうまいオスがモテる!?

強いオスがモテる
それは当然…
キリッ
育児もカンペキだと…
パパ～
だっこ～!
さらにモテる!
あんなオスと結婚したい!
ステキね～

Data

- 分類／霊長目ヒト科
- 大きさ／体重150～180キロ(オス)
- 生息地／アフリカ中央部の湿潤な熱帯雨林やサバンナ

解説

動物園では育児じょうずのゴリラがたびたび話題になりますが、自然界でも、オスが育児を行うことがあるんですよ。子どもに対してやさしく接し、いっしょに遊んだりする姿はメスたちにもみりょく的にうつるようで、育児をするオスはメスにモテるんですって。

コラム 11

ヤマアラシは夫婦で仲良く子育て

Data

- 分類／齧歯目ヤマアラシ科
- 大きさ／体長60〜93センチ
- 生息地／アフリカのさまざまな地域

解説

アフリカタテガミヤマアラシは、夫婦で子育てをします。赤ちゃんのうちは、針はやわらかくてふわふわです。パパもいっしょに遊んだり、食べ物をあたえたりと、育児にいっしょうけんめい。愛情をたっぷり受けて育つうちに、いつの間にか針がかたくなり、赤ちゃんは大人に近づきます。

コラム 12

コツメカワウソはパパママに泳ぎを教わる

Data

●分類／食肉目イタチ科

●大きさ／体長40～60センチ

●生息地／東南アジアの河川などの水辺

解説

コツメカワウソも夫婦で仲良く子育てをします。赤ちゃんは生まれてしばらくは泳げないどころか、目も開いていません。両親にかいがいしく世話をされて育ち、生まれて3か月ごろから、口にくわえて水につけられたり、泳ぐ親の背中に乗せられたりしながら、だんだん泳ぎを覚えていくんだそうです。

小さいけど、とってもパワフル！

はんぱない！

じつはつよくて かわいいいきもの

かわいいのに、つよくてたくましいいきものを紹介するよ！

つよかわいい★1 ビーバーはオレンジ色の強い歯でダムをつくる

ビーバーはネズミの仲間の中で、カピバラに次いで2番目に大きい種類です。よく見るとつぶらな瞳であいらしい表情をしていて、動物園でも人気です。

ビーバーといえば**ダムをつくる**ことで知られています。その大きな前歯でかじってたおした木、石や泥などを組み上げ、川をせきとめます。そうしてできたこのダム湖にビーバーはおうちをつくります。水中に入り口があるため、敵からおそわれにくくなっているそうですよ。

なぜそんなことができるのかといえば、歯がとっても強いから。どれくらい強いかというと、**人間の約4倍ほどかむ力がある**という話もあります。たくさんの木をかじるので、折れたり欠けたりし

ないように前歯の前面にはオレンジ色をしたじょうぶなエナメル質（歯の表面をおおっている組織）がついています。動物園で見かけたら、ぜひ観察してみてくださいね！

Profile
プロフィール

ビーバー

- 分類：齧歯目ビーバー科
- 大きさ：体長約70センチ（アメリカビーバー）
- 生息地：北アメリカ北部（アメリカビーバー）

ちょっとひとこと
しっぽは平たくて泳ぐのにとても役立つよ

つよかわいい★2
フェネックはサソリの毒針をかわし
体だけ食べちゃう

フェネックはさばくに住む世界最小のキツネです。フェネックのことを知らなくても、多くの人はひと目見れば、きっと「かわいい」と思ってしまうはず。**大きな頭、顔の下のほうにある目、小さな鼻**は、人間の赤ちゃんのようでとってもキュート！

　フェネックは昼間は巣穴の中で休んでいますが、夜になると食べ物を探すために活動をはじめます。さばくといっても夜は寒いので、体温を逃げにくくしてくれるふかふかの毛皮が、とても役に立つんですよ。

　主食はネズミや鳥、鳥の卵、こんちゅうなどです。毒の針を持つサソリを苦手とするいきものもいますが、**フェネックはサソリが大好き。**サソリの毒針こうげきを素早くかわし、かみちぎったりしてサソリをたおし、体だけを食べちゃうんです。かわいい顔をしてやるときはやるんですね！

つよかわいい★3

プーズーは小さなツノで恋のライバルをやっつける⁉

プーズーは、チリやアルゼンチンの限られたところにしかいないシカの仲間です。日本にいるニホンジカは大人になると130キロくらいになりますが、プーズーはその10分の1もなく、**世界一小さなシカとしてギネスブックに登録**されています。

頭には8センチほどの小さなツノが生えています。このツノはオスだけにしかありません。ニホンジカなどとちがい、プーズーのツノは枝分かれがなく、短く小さいですが、相手につきさせばかなり強力なこうげきになりそうです。はんしょく期には、メスをめぐって**オスはツノを使ってライバルのオスと戦います。**

とはいえ、この小さなツノでは自分より大きな肉食動物にはかないません。おそわれそうになると小さく身軽な体をいかして、ぴゅ〜っと逃げてしまうそうですよ。

Profile
プロフィール

プーズー

- 分類：偶蹄目シカ科
- 大きさ：体高30〜40センチ
- 生息地：チリのチロエ島など

ちょっとひとこと
逆に世界最大のシカはヘラジカで体長2メートル以上！

つよかわいい☆4

チーターの子は自分より強い動物のまねをしている！

世界一走るのが速い動物として知られているチーター。最高時速は110キロにもなります。これは100メートルを3〜4秒くらいで走れるというスピード！

そんなチーターも、子どものころはよちよち歩きで無防備な姿。**背中側に毛足が長くて白っぽいふわふわした毛が生えていて、腹側が黒っぽい色**をしています。ふつうの動物は、背中側が黒っぽくて腹側が白っぽいことが多いのに逆なんて、なんだかふしぎですね。

じつはこの姿、**ラーテルという動物に似ているのですが、そのおかげで身を守れている**という説があります。ラーテルは体長60センチほどの動物で

すが、ライオンに向かっていくほど凶暴で、ほとんど敵がいません。見晴らしのよいサバンナでも、この姿のおかげでほかの動物におそわれにくいというわけです。

Profile
プロフィール

チーター

- 分類：食肉目ネコ科
- 大きさ：体長112～135センチ
- 生息地：アフリカ大陸・イラン

ちょっとひとこと
耳の裏に「こじじょうはん」という特別なもようがあるよ

つよかわいい★5

スカンクのふわふわ白黒しっぽは危険の目印

白と黒のおしゃれなもようにつややかな毛並み、小さな頭とくりくりとした目。意外にあいらしいお顔をしていますが、スカンクはくさ〜いおならのイメージが強いですよね。黒い体に白いもようがしっぽに向かってのびていますが、この目立つもようによって**「くさい液をおしりから飛ばすぞ！」「近づくと、大変な目にあうぞ！」**とまわりに警告をしています。

はんしょく期以外はおとなしく、おならをするのも敵に追いつめられたときくらい。毛を逆立てたしっぽを上げ、背中を反らすいかくをして、それでも相手が逃げないときは、**くさい液を6メートルもふんしゃします。**ひどいめにあった敵は二度とスカンクをおそわないんですよ。

まれにかむこともあり、かまれるといろいろな病気になってしまうそう。あまり怒らせないほうがよさそうです。

Profile
プロフィール

スカンク

分類： 食肉目スカンク科

大きさ： 全長57.5〜80センチ（シマスカンク）

生息地： 北アメリカ大陸（一部のぞく）（シマスカンク）

ちょっとひとこと

スカンクのくさい液のにおいは、数日間消えないんだって！

つよかわいい★6

アルパカは激クサのツバをはいてこうげきする

アルパカは小型のラクダの仲間。南アメリカの高い山に住んでいます。温かくて美しい毛を利用することを目的に、古くからかちくとして飼育されてきました。ちなみに、日本でもペットとして飼育できますが、特別な設備やえさが必要です。

アルパカは草食動物なので、するどいきばやつめはありません。**性格もおっとりめ**で、危険がせまれば戦わずに全速力で逃げます。とはいえ、群れで生活していると逃げずに戦わなければならないことも。そうなれば、敵にかみついたり、ヒヅメでけったりしてこうげきをします。

もっともおそろしいのがツバこうげき。オス同士の争いでツバをはきかけることがあります。これ、単なるツバではなく、**胃から口にもどした未消化の食べ物がふくまれている**ので、においが激ヤバ！　絶対に浴びたくないですね。

つよかわいい★7

チワワは小さいのに勇敢で警察犬にもなれる

イヌは昔から、人間の仕事の手伝いや生活のサポートをしてくれるいきものでもあります。そのひとつが警察犬。大きくて強そうなイヌだけでなく、**小さなイヌも警察犬になれる**のを知っていますか？

警察犬には、「ちょっかつ警察犬」と「しょくたく警察犬」の2種類があります。ちょっかつ警察犬は警察が直接育てるイヌで、シェパードなどの大型犬が多めです。しょくたく警察犬はふつうの家庭で育てられるイヌで、チワワやトイプードルなどの小型犬もふくまれます。

大きく、力のあるイヌは悪い人をつかまえたりすることができます。でも、せまい場所に入るのは小型犬のほうが得意。また、小さくてあいらしい姿をいかし、防犯イベントなどで子どもたちとふれあう役目も果たせます。どちらも**私たちの生活を守ってくれている**んですね。

つよかわいい★8
スローロリスは
ゆっくりすぎて
こんちゅう
とりほうだい
のろ〜…

スローロリスは名前に「リス」が入っていますが、サルの仲間です。ゆ〜っくり動くから「スロー」。ロリスはオランダ語で「道化師（ピエロ）」という意味です。たしかに、顔のもようはピエロみたいですよね。

スローロリスの**とってもゆっくりな動き。これが意外なメリットを生み出しています。**主食はこんちゅうですが、こんちゅうは速く動くものにはよく反応し、逆に遅いものには気づきにくいという習性があります。だから、**ゆっくりすぎるスローロリスは気づかれにくく、えものにありつけるんです。**

スローロリスには強い武器がもうひとつあります。それは、前足の内側から出る毒。これをだ液に混ぜ、全身にぬることで、敵から身を守ります。親は子どもにもこの毒液をぬるので、子どもも敵から守られています。

つよかわいい★9

キリンは顔はきれいだけどケンカがはげしすぎ

キリンは世界一背が高い動物です。首だけでも2メートルほどあり、高いところにある葉っぱを食べることができます。長い首の先にはひきしまった顔がついていて、**長いまつげがよく目立ちます。**お人形のようなまつげは、キリンの生息地である、かんそうしたサバンナ（熱帯の草原）で役立ちます。砂やほこりが目に入るのをブロックしてくれたり、強すぎる日差しから目を守ったりしてくれるんですよ。

そんなキリンですが、ケンカは強烈！よく見ると頭に小さく出っ張ったツノ（本当は骨の一部）があり、オスは、**長い首をブンブンふりまわし、ツノのような部分をぶつけ合って戦う**のです。と

きには死にいたることもあるそうです。
　ライオンなどにおそわれたときには前足でのキックで追いはらい、一げきでたおすこともあるんだとか。見かけによらず勇ましいですね！

つよかわいい★10
ボーダーコリーは
かしこすぎて
手に負えなくなる!?

世界にはさまざまな犬種がありますが、ボーダーコリーは中でも**トップクラスのかしこさ**をほこります。もともと、ヒツジの群れをまとめる役割をもっており、牧羊犬として活やくしていました。毛色は黒と白、茶と白などさまざまで、目の色も多種多様です。

人間とのコミュニケーションが大好きで、いっしょに遊んだり、仕事をしたりすることに幸せを感じます。ところが頭がよすぎるために、**人間の気を引こうといたずらや問題行動を起こしてしまう**ことも。だから、たくさんスキンシップをして、たっぷり運動や頭を使うような遊びをさせてあげるといいんですよ。

走るのが速く、ジャンプや回転なども得意なので、ドッグスポーツにも向いています。じょうずにつきあっていければ、最高のパートナーになれるはず！

つよかわいい★11

ワラビーはミニミニなのにキックで人もたおす

カンガルーの仲間のうち、中型サイズのグループに属する種類をワラビーと呼びます。ウサギほどの小さなパルマワラビーなどの種類から、1メートル以上になる大きな種類もいます。どの種類も**しっぽや足が小さくぬいぐるみのようにキュートです。**

でも、小さくかわいい見た目にだまされてはいけません。じつはとっても強いんです。ジャンプがじょうずで、人間の胸の高さまで飛ぶこともあります。**後ろ足のキック力もパワフル！** ひとけりで人間をたおすことがあるほどです。

とはいえ、自分からほかの動物をおそうことはなく、キックは危険をさけるために行うものです。こうげきの前には足で地面をたたき、「私は強い。近寄ったらキックするぞ」と合図します。それでも相手が逃げなければこうげきをするんです。ワラビーは怒らせないほうがよさそうですね。

Profile プロフィール

ワラビー

- **分類：** 双前歯目（カンガルー目）カンガルー科
- **大きさ：** 体長48〜53センチ（パルマワラビー、オス）
- **生息地：** オーストラリア東南部（パルマワラビー）

ちょっとひとこと
メスをめぐって、オス同士がキックで戦うこともあるよ

つよかわいい★12
アライグマは
なんでもできて
なんでも食べる
強いやつ

アライグマは、食べ物を洗っているかのようなしぐさをすることからその名前がつきました。実際には、洗っているのではなく、前足を水中に入れて食べ物を探しているんです。

そんなアライグマにはすごい能力がたくさんあります。まずジャンプ力。**上には110センチ、横には120センチほども飛べる**んです。それから、飼育場にあるものでベッドをつくったり、おもちゃにして遊んだりと、とっても器用。食べ物も、**肉でも野菜でも果物でもおいしそうに食べる**ため、動物園は助かっているそうです。

アライグマは昔のアニメをきっかけに人気が出て、ペットとして飼う人もいました。しかし、かしこく力が強いアライグマはペットには向いていなかったようで、飼うことは禁止されてしまいました。動物園などに会いに行ってみてくださいね。

つよかわいい★13

モンハナシャコは花のような姿をした海のボクサー

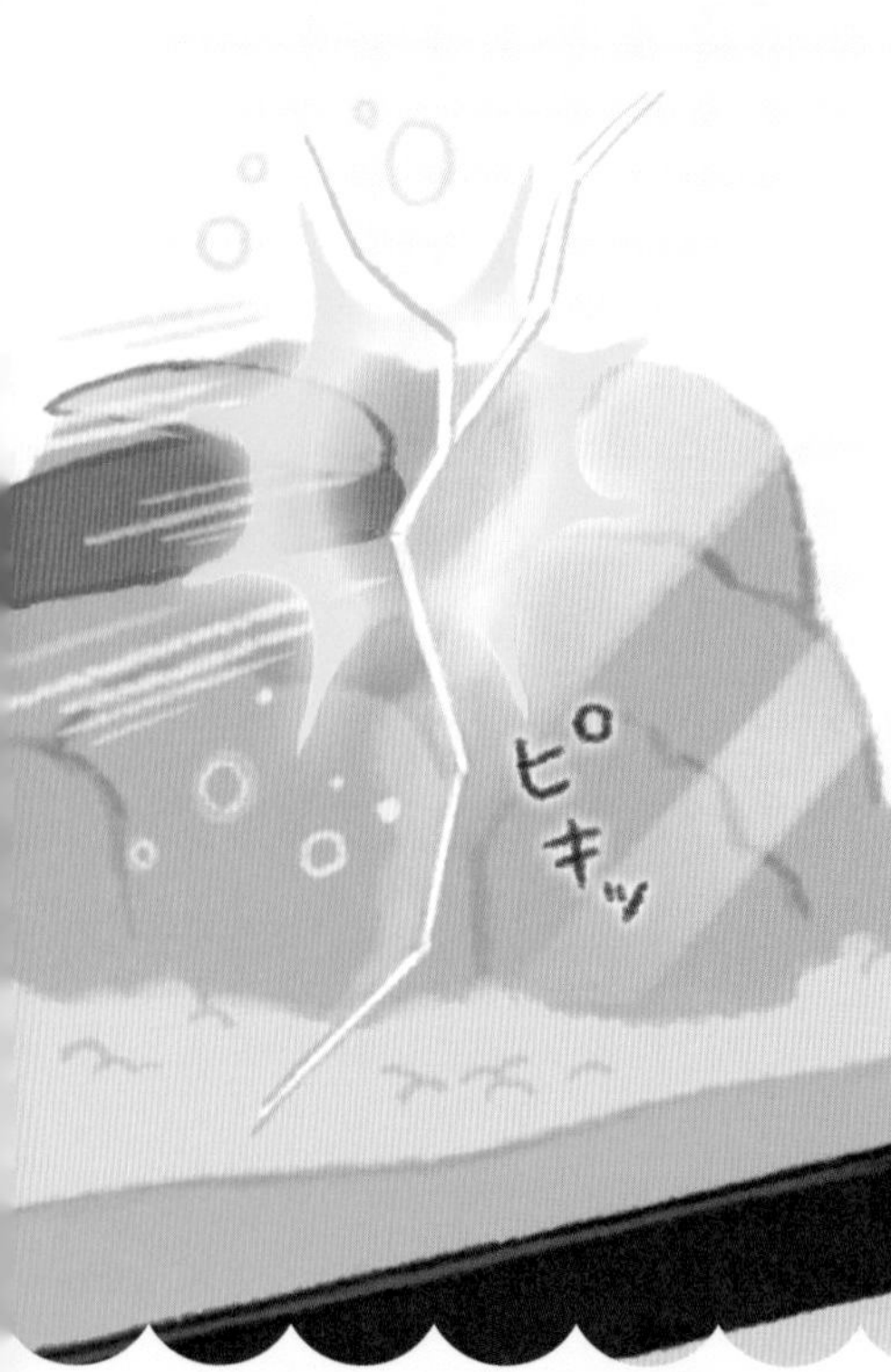

シャコはエビに似ていますが、エビとは別のグループのこうかく類です。中でもサンゴなどに住むモンハナシャコは、世界一美しいシャコとして知られています。**体は青や緑などで、目はピンクと青でかなりハデないきもの。**まるで海の底に咲く花のようです。

このモンハナシャコはかなりパワフル！「ほきゃく」と呼ばれる**前足の曲がる部分をバネのように使って、パンチをくりだします。**このパンチはあらゆるいきものの中でももっとも速く、貝がらや水そうを割ってしまうほどの威力だそうですよ。

このパンチだけでなく、キャビテーションという特別な技も持っています。

それは、ほきゃくを素早く動かすことで水の泡をつくり、泡が消えたときに強いしょうげきを起こす現象。この技でえものをこうげきします。必殺技がいくつもあるなんて、かっこいいですね！

つよかわいい★14
イチゴヤドクガエルは
おいしそうなのに
毒がヤバイ！

カエルといえば緑色のイメージがありますが、中央アメリカ南部にすむイチゴヤドクガエルの体色は**まるでイチゴのように真っ赤でハデ！**　手足は青く、ジーンズをはいているようなので「ブルージーン」と呼ばれることもあるんですって。ちなみに大きさもイチゴサイズです。

そんな見た目も映えるイチゴヤドクガエルですが、「プリミオトキシン」という強い毒を持っていて、**身の危険を感じると、ひふから毒を出します。**　この毒は、もともとイチゴヤドクガエルが自分で持っているものではありません。食べ物のひとつであるダニを食べ続けることで体内にたくわえられる毒なのです。

イチゴヤドクガエルはハデな体の色で「自分は危険だ！」とまわりにアピールしているのですが、さらに強力な毒まであるなんて、見かけによらず用心深いのかも!?

Profile
プロフィール

イチゴヤドクガエル

- **分類：** 無尾目（カエル目）ヤドクガエル科
- **大きさ：** 体長2～2.5センチ
- **生息地：** ニカラグア、コスタリカ、パナマ

ちょっとひとこと
生息地によって体の色は変わるし、みんなハデ！

つよかわいい★15
ハリネズミはかわいい顔で毒ヘビをむしゃむしゃ！
いただきまーす！

くりっとした目、上向きの小さな鼻。ハリネズミはアニメのキャラクターのような顔と、全身トゲトゲでまん丸の姿が大人気のいきものです。

ハリネズミは**おだやかな性格で、トゲは自分を守るためだけにしか使いません。**敵のこうげきから身を守るときやこわいと感じたときなどです。体を丸めて背中のトゲを立て、おしり、足も全部つつみこんでしまうので見た目は完全にボール！　こんな形になれるのは、トゲの下にびっしりと強力な筋肉があって、自由に動かせるからなんですよ。

トゲ以外にも特別な力があります。それは、毒ヘビの毒を消す力。毒を無力化することができるので、ハリネズミは**コブラやマムシなど、ほかのいきものが食べない毒ヘビを食べることができる**のです。見た目からは想像できない能力にびっくりですね！

Profile
プロフィール

ハリネズミ

- **分類：** 無盲腸目（ハリネズミ目）ハリネズミ科
- **大きさ：** 体長18〜22センチ（ヨツユビハリネズミ）
- **生息地：** アフリカ、ヨーロッパ、ユーラシア大陸

ちょっとひとこと
なでるときはトゲが生えている方向にそって！

つよかわいい★16

ゴールデン・トータス・ビートルの子どもはウンコを持ち歩く！

ゴールデン・トータス・ビートルは北アメリカに住むこんちゅう。成虫の形はテントウムシに似ていますが、体のふちがとうめいですき通っており、中央がピカピカの黄金色という、とてもおしゃれな姿をしています。

幼虫もさぞかしごうかな姿なのだろうと思いきや、体のふちはトゲトゲでかざられていて、黒っぽい地味な色をしています。

この幼虫には**いつもウンコを持ち歩く**というとってもきみょうな習性があります。

幼虫のおしりのあたりには、ウンコをつかんで持ち歩くための「フォーク」という器官がついていて、**幼虫はウンコをたてに身を守るんです。**しかし、体が小さい敵には有効ですが、体が大きな敵にはときどき食べられてしまうことも。成虫の金ピカの姿は、きびしい幼虫時代を生きぬいたしょうこなのです。

つよかわいい★17

ハナカマキリはにおいのトリックでえものをだます

ハナカマキリは白とピンクのきれいな色をしており、まるで美しい花のよう。そり返った腹とかざりがついた足、風にふかれてゆれるような動きがまるでランの花みたいです。**じっはこの姿は幼虫のときだけの姿で、成虫は花に似ていません。**

幼虫はふしぎなことに、トウヨウミツバチというハチばかりを食べます。このミツバチはわざわざカマキリの正面から近づいていくのですが、なぜだかわかりますか？　答えはにおい。ハナカマキリの幼虫は、**ミツバチが近づくとあるにおいを出します。**このにおいは、ミツバチ同士のコミュニケーションに使われていて、「みんな集まれ！」という

合図です。そのにおいにまんまとだまされて集まってきてしまうというわけ。

成虫になるとミツバチだけでなく、いろいろな種類の虫を食べるようになるそうですよ。

つよかわいい★18
ミノカサゴのクールな美しさは毒があって強いから

深い切り込みの入った長いヒレをゆらしながら、ゆうがに泳ぐミノカサゴ。**赤や白のしまもようのドレスを着ているかのよう**な魚で、ダイビングをする人がわざわざ見に行ったり、水そうで飼ったりする人もいるほどです。

ミノカサゴは背ビレ、しりビレ、腹ビレのトゲに毒を持っています。これにさされてしまうとたいへん！ はげしい痛みにおそわれ、さされたところは大きくはれます。ミノカサゴのことをナヌカバシリ（七日走り）と呼ぶ地域がありますが、それは7日間走り回るほどの痛み、という意味。それほど強力な毒なのです。

見る人をひきつける美しさは、ほかのいきものに**「自分は毒を持った危険な魚だよ」と伝える**ためのものでもあります。敵におそわれる心配が少ないからこそ、ゆったり上品に泳いでいられるともいえるかもしれませんね。

Profile プロフィール

ミノカサゴ

- 分類：スズキ目フサカサゴ科
- 大きさ：全長約25センチ
- 生息地：北海道南部以南

ちょっとひとこと
体の色はまわりに合わせて変化するんだ

いきものだって恋をしたり、仲間と遊んだり、いびきをかいたりします。人間そっくりな行動やしぐさを見ると、思わず親近感がわいちゃいますね。人間くさくておもしろいしぐさなどを集めました。

コラム13 マエガミジカはまえがみがかっこいい

Data

- 分類／偶蹄目シカ科
- 大きさ／体高50～70センチ
- 生息地／中国やミャンマー

解説

マエガミジカは、その名の通り頭にまえがみのような毛があります。まえがみのわきには短いツノがあり、このツノをかくすための毛なのかと思いきや、このツノは短すぎて武器としてほとんど役に立たないんだとか。なんのためのまえがみかナゾですが、かっこいいことはまちがいなし。

コラム 14

パグのいびきはおやじくさい!?

Data

●分類／食肉目イヌ科

●大きさ／体高25〜36センチ

●生息地／中国（チベット説も）原産、ペットとしては世界中

解説

パグはお顔がとってもキュートなイヌ。頭の骨が短く、顔が平らなため、鼻の通り道がせまく、寝るときにいびきをかくことがあります。ガーガー、グーグーとなかなかはげしいいびきですが、かわいいから許せちゃう。ただ、あまりにひどいときはじゅういさんに相談してね。

コラム ⑮

オウムは意味をわかっておしゃべりする

Data

- 分類／インコ目オウム科
- 大きさ／体長約30センチ
- 生息地／インドネシアのスラウェシ島など原産、ペットとしては世界中

解説

大型のインコ、オウムはおしゃべりがじょうず。オウムの仲間であるコバタンなどは、自分や飼い主の名前がわかるだけでなく、言葉の意味を理解することもあるとか。ただ言葉をまねしてくり返すだけでなく、飼い主の「ただいま」に「おかえり」で返したりと、会話が楽しめたりするそうです。

コラム 16

チンパンジーは笑うしキスもする

Data

●分類／霊長目ヒト科

●大きさ／体長85センチ（オス）

●生息地／アフリカの熱帯雨林やサバンナ

解説

チンパンジーは人間に近い動物で、感情や知能が豊か。笑い合ったり、愛情などの気持ちを伝えるためにキスをすることもあり、コミュニケーションのとり方も人間のように豊かです。親子でいる様子はとくにほほえましく、いつまでも見ていたい気持ちになります。

この本では、いきものたちのかわいさに注目して
たくさんのいきものを紹介してきました。

ペットも、きびしい自然の中で暮らすいきものも
その体と行動にはさまざまなヒミツがかくされています。
すごすぎて、あまりになぞめいていて
人間には理解できない部分も少なくありません。

それでもそんないきものを尊敬し
地球上でいっしょに暮らしていくためには、
わかりたい、知りたいと思うことが大切です。

「かわいい」からスタートして
さまざまないきものに興味を持ち、

いきものを守りたいと思う人が増えたら、
世界はもっと住みやすくなりそう！
愛情と好奇心を持って
いきものたちのことをもっと学んでいきましょう！

もっと知ってくれたら
うれしいな！

参考にした本

●この本にアドバイスをくれた動物学者の今泉忠明先生の本

『美しすぎるネコ科図鑑』（小学館）2021
『ざんねんないきもの事典』（高橋書店）2016
『続　ざんねんないきもの事典』（高橋書店）2017
『ずかんヘンテコ姿の生き物』（技術評論社）2012
『泣けるいきもの図鑑』（学研）2017
『泣けるいきもの図鑑 イヌ・ネコ編』（学研）2019
『北海道・本州・四国・九州にすむ固有種』（金の星社）2020

●参考にした本の中でもとくにおすすめの本

『生きのこるって、超たいへん！
めげないいきもの事典』（高橋書店）2020
『驚きの身体能力！ アスリートな動物図鑑』（ナツメ社）2021
『角川の集める図鑑 GET! 昆虫』（KADOKAWA）2021
『世界動物大図鑑』（ネコ・パブリッシング）2004
『くらべてびっくり！
やばい進化のいきもの図鑑』（世界文化社）2020
『世界の美しい犬 101』（パイ インターナショナル）2016
『増補新版　世界で最も美しい蝶は何か』（草思社）2020
『世界の原色の鳥図鑑』（エクスナレッジ）2017
『飼育員がつくったサルの図鑑』（くもん出版）2023
『ときめく図鑑 Pokke！ ときめく貝殻図鑑』（山と溪谷社）2021

このほかにも、さまざまな本やホームページ、
動物園や水族館への取材内容を参考にしています。

監修者 **今泉忠明**（いまいずみ ただあき）

東京水産大学（現・海洋大学）卒業。国立科学博物館で哺乳類の研究、野生動物の生態調査などを行う。現在、日本動物科学研究所 所長。書籍の監修などで忙しい日々の合間に、日本各地の森に出かけ、フィールドワークも続けている。『ざんねんないきもの事典』シリーズ（高橋書店）など、著書・監修書多数。

イラスト **ふじもとめぐみ**

ころころ、もちもち、ふわふわで、ちょっとおちゃめな動物が得意なイラストレーター。オリジナルキャラクター「ぽてぽてこぶたちゃん」（フロンティアワークス）の書籍やグッズなども人気を集めている。
X（旧 Twitter）：@motitata

構成・執筆　木村悦子
執筆補助　岩間翠
マンガ　フクイサチヨ
デザイン　石松あや（しまりすデザインセンター）
DTP　能勢明日香
編集協力　株式会社アルバ

もっと！とにかくかわいいいきもの図鑑

2024年3月15日発行　第1版
2024年4月5日発行　第1版　第2刷

監修者　今泉忠明
著　者　ふじもとめぐみ
発行者　若松和紀
発行所　株式会社 西東社
〒113-0034　東京都文京区湯島2-3-13
https://www.seitosha.co.jp/
電話　03-5800-3120（代）

※本書に記載のない内容のご質問や著者等の連絡先につきましては、お答えできかねます。

ISBN 978-4-7916-3304-3